探寻

Explore Chinese Tea

中国茶

吴建丽　编著

微信扫码关注公众号
看专业茶艺表演视频，
听精彩茶学音频课程。

中国轻工业出版社

图书在版编目（CIP）数据

探寻中国茶 / 吴建丽编著 . — 北京：中国轻工业出版社，2021.6

ISBN 978-7-5184-3453-4

Ⅰ . ① 探 … Ⅱ . ① 吴 … Ⅲ . ① 茶文化 – 中国 Ⅳ . ① TS971.21

中国版本图书馆 CIP 数据核字（2021）第 058387 号

责任编辑：张　弘　　责任终审：劳国强　　整体设计：锋尚设计
责任校对：朱燕春　　责任监印：张京华

出版发行：中国轻工业出版社（北京东长安街6号，邮编：100740）
印　　刷：北京博海升彩色印刷有限公司
经　　销：各地新华书店
版　　次：2021年6月第1版第1次印刷
开　　本：710×1000　1/16　印张：15
字　　数：250千字
书　　号：ISBN 978-7-5184-3453-4　定价：68.00元
邮购电话：010-65241695
发行电话：010-85119835　传真：85113293
网　　址：http://www.chlip.com.cn
Email：club@chlip.com.cn
如发现图书残缺请与我社邮购联系调换
200769S1X101ZBW

前言
Preface

　　中国，是茶之古国，是茶及茶文化的发源地，是世界上最早种茶、制茶、饮茶的国家。茶文化对中国人的影响，已经深入生活、情感、精神之中。

　　然而对于刚接触茶的人，面对五花八门、形态各异的茶，难免眼花缭乱，且常常会有如下困惑：

　　不知如何选择适合自己的茶叶，不会辨别茶的优劣，弄不清各种茶具的功能，不知道怎样冲泡出一杯好茶……

　　对于已经具有一定鉴赏能力的茶爱好者，也会有更深入探寻茶之真谛的渴求：访名山寻好茶，求好水品香茗，赏茶器悟茶趣……

　　而对每一个人，饮茶带来的不仅是闲适自然的生活方式，淡泊超脱的精神启迪，更有养生防病的健康功效。

　　为了满足人们的需求，本书从时间的维度，追溯了茶的起源、发展和变革；从空间的维度，深入各大产茶区，寻访名茶产地、撷取一叶佳茗；从实操的角度，详细讲解了茶叶的鉴别、选购、冲泡、品茗等；从文化的角度，提供了名茶、名器、茶艺、茶礼、茶画的鉴赏解读；从养生的角度，给予了养身养颜的茶疗验方……

　　书中运用了数百幅精美的图片和通俗易懂的文字，将读者带入一个清新的茶世界。随着探寻的脚步逐渐深入，您将体会到茶的无穷魅力，获得精神的愉悦和满足。同时也能快速成长为茶道高手，彻底明白喝茶的门道、轻松谈茶论道。

　　在编写本书过程中，由于时间仓促，编者水平有限，疏漏之处实属难免，还请广大读者海涵、斧正。

探茶篇：认识一叶茶

第一章
穿越千年，香遍天下——茶史 / 11

第二章
初识芳茗露华鲜——识茶 / 29

寻茶篇：访名茶，鉴好茶

第一章
何山尝春茗——走进茶区访名茶 / 47

第二章
慧眼轻松识——茶叶鉴别与选购 / 117

泡茶篇：好器好水泡好茶

第一章
壶里乾坤，杯中日月——茶具 / 123

第二章
宜茶之水有讲究——评水 / 151

第三章
悬壶高冲清香起——泡茶 / 159

见此图标 微信扫码　看专业茶艺表演视频，听精彩茶学音频课程。

品茶篇：品香茗，悟人生

第一章
茶有千味，适口者珍——品茗 / 215

第二章
如人饮茶，甘苦自知——茶情 / 223

茶养生篇：喝出健康美丽

第一章
此乃草中英——茶的养生功效 / 229

第二章
君不可一日无茶——养生茶饮 / 235

探茶篇：认识一叶茶

茶，生于青山，长于幽谷，从陆羽的《茶经》走出，教人饮尽山灵水秀，自然也就意蕴人间风情了。

茶是自然，茶是生活，茶是平淡，茶是繁华。一叶茶，一瓯水，一把壶，就是一方天地。要寻觅一叶好茶，只有拥有了平和的心才能发现和体味。

第一章

穿越千年，香遍天下——茶史

忙里偷闲，且喝一杯茶去！我们中国人的寻常生活，是在"一茶一饭"中悠然度过的。每当泡上一壶茶，时光便在刹那间消失，仿佛在那升起的茶雾中神交古人，又照见来者。

想要了解茶，了解茶的文化，我们就要翻开这幽香的茶史，探寻茶的本源、发展和传播，感受那绵延无尽的中华文化。

起源

茶树是一种多年生的常绿木本植物，如陆羽《茶经》所说："茶者，南方之嘉木也"，早先是生长在中国南方的一种树种。一种普普通通的植物，竟然能变身为美味的饮品，传承千年，茶香播散到世界各地，并形成独特的茶文化……这茶，究竟是从何而来的?

茶之为饮，发乎神农氏

陆羽《茶经》中有言："茶之为饮，发乎神农氏。"炎帝神农氏是华夏民族举世公认的人文始祖。他为了让广大百姓能够安全饮食，严防因饮食不当引发疾病，亲自尝百草，辨别百草的可食用性，并在这一过程中发现了茶及茶的药用功效。

相传神农为了天下众生遍尝百草，其中固然有一些可口的蔬果，有可充饥解饿的粮食，但也有很多有毒的植物。一天，神农尝了一种毒草后身体终于承受不住，百毒俱发，晕倒在山脚下，等到他悠悠醒转，发现身边有一棵小树，翠绿的叶子带着淡淡的清香，神农不禁采下一片放入口中咀嚼起来，立刻芳香满口，身体的不适也消失得无影无踪。后来，神农把这棵小树移植到人类的聚居地，这棵树，就是一棵茶树。

《神农本草经》中记载："神农尝百草，日遇七十二毒，得荼而解之。"这里所说的荼，即为茶。这充分说明，茶的饮用与医药功能，就是在神农氏亲口咀嚼的尝试中找到的。这种生吃新鲜茶树芽叶的现象，在现今云南的布朗族、佤族、德昂族等少数民族还保留着。

藥石權與農商宗祖
夭札全生飢寒脫苦

神農

神农氏遍尝百草，写成
《神农本草经》，被后世
尊为"农业之神"。

中国是茶的故乡

茶树最早为中国人所发现、最早为中国人所利用、最早为中国人所栽培。茶叶的发现和利用，以及在品饮过程中创造积淀的茶文化，是中国对于人类文明进步的一大贡献。

【中国是茶树的原产地】

早在公元前200年左右，《尔雅》中就提到有野生大茶树。唐代陆羽《茶经》中记载"茶者，南方之嘉木也。一尺、二尺乃至数十尺；其巴山峡州，有两人合抱者，伐而掇之"。

20世纪20年代，吴觉农[①]撰写的《茶树原产地考》，对茶树起源于中国做了论证，即中国是茶树的原产地。

半个多世纪后，吴觉农于1978年在昆明又发表了《中国西南地区是世界茶树的原产地》一文。并确认中国西南地区，包括云南、贵州、四川是茶树原产地的中心。

【中国野生大茶树的记载】

目前，中国有10个省区198处发现了野生大茶树，仅在云南省内，树干直径在一米以上的就有十多株，其中一株已有2700年的树龄（在千家寨）。自古至今，我国已发现的野生大茶树，时间之早，树体之大，数量之多，分布之广，形状之异，堪称世界之最。

①吴觉农，我国现代茶业的奠基人。著作甚丰，所著《茶经述评》是当今研究陆羽《茶经》最权威的著作，被誉为当代"茶圣"。

云南省凤庆县的"锦绣茶王"，被称为"千年茶祖"，树龄3200年，树围近6米，树高10米多。

茶树的起源

【茶树起源于何时】

我们的祖先最初利用的是野生茶树，在经过一个很长时期后，才出现了人工栽培的茶树。

而后茶的栽培从巴蜀地区南下云贵一带，又东移楚湘，转达粤赣闽，入江浙，然后北移淮河流域，形成我国广阔的产茶区。

然而，在见诸文字之前，人类发现茶树，学会使用茶树，又过了很长很长时间，一代一代人传承着用茶的经验……最后才见诸文字记载。因此，茶的起源必是远远早于有文字记载的三千多年前。

【茶树起源于何地】

茶树原产于中国，自古以来，一向为世界所公认。那么，茶树发源于中国的何处？有这么几种说法：

❶ 西南说。我国西南部是茶树的原产地和茶叶发源地。这一说法所指的范围很大，正确性较高。

❷ 四川说。清顾炎武《日知录》中记载："自秦人取蜀以后，始有茗饮之事。"言下之意，秦人入蜀前，今四川一带已知饮茶。

❸ 云南说。认为云南的西双版纳一带是茶树的发源地，这一带是植物的王国，有原生的茶树种类存在完全是可能的，但是茶树是可以原生的，而茶则是活化劳动的成果。

❹ 川东鄂西说。陆羽《茶经》："其巴山峡川，有两人合抱者。"巴山峡川即今川东鄂西。该地有如此出众的茶树，是否就有人将其利用做成了茶叶，目前还没有见到更多的证据。

❺ 江浙说。最近有人提出茶文化始于以河姆渡文化为代表的古越族文化。江浙一带目前是我国茶叶行业最为发达的地区，历史若能够在此生根，倒是很有意义的话题。

除去历史文化上的意义，茶树的起源对于我们饮茶者来说也许并不重要。然而，一想到我们现在还饮用着与几千年前的祖先相同的饮品，确实是很令人心潮澎湃的事情，给我们带来无尽的遐想。

"茶"字的演变

【荼——茶最早的名称】

早在两千多年前,《神农本草经》上就有这样的记载:"神农尝百草,日遇七十二毒,得荼而解之",这里的"荼"即是茶。

"荼"是茶最早的名称。在先秦古籍文献中,原本没有"茶"字,"荼"字就是"茶"的古字。

【茶的别名代称】

随着饮茶品茗风气的渐渐形成,久而久之,饮茶逐渐升华为一种礼仪风俗,成为诗人们歌咏的对象,茶的别名代称也日渐其多。"破瓜青玉美,浮荈白云香"中的"荈","清明路出山初暖,行踏春芜看茗归"中的"茗",都是茶的别名。

到了唐代,陆羽著《茶经》,列举了唐代以来人们对茶的五种称呼:"其名,一曰茶,二曰槚,三曰蔎(shè),四曰茗,五曰荈(chuǎn)。"

在茶的众多称呼中,使用最普遍,流传最广的还是"茶"字。

【茶字的诞生】

唐初,人们逐渐认识到茶是木本植物,用"荼"指茶名不副实,于是把"禾"改为"木",从荼字去掉一划而为茶字,茶字才千呼万唤始出来。

茶字最早的官方记载见于唐高宗时期的《本草》。中唐以后,所有茶字意义的荼字都变为茶字。同时废用所有的别名、代名,统一为茶字。除茗字至今偶然沿用外,其他所有代用字都已不用。细看"茶"的字形,底部是"木",上面是草字头,"人"位居中间,微妙地暗示出人与自然的和谐关系。

解读"茶"字的变迁历程,让我们得以在浩浩渺渺的中国文化中遨游,倒也不失为一件美事矣。

"茶"字的历史演变

草书　楷书　隶书　小篆　大篆　甲骨文

发展

两汉：有文字可据的信史时代

秦代以前的史籍，没有留下多少茶叶资料，但两汉时，茶开始被广泛记载。

在汉代文献中，不只《说文解字》等一类字书中，在一些医药著作和笔记小说中，也都出现了茶的专门介绍和记述。这是我国也是世界上关于茶最早的可靠和直接的记载。自此以后，我国茶叶便进入了有文字可据的信史时代。

两汉时候的文献中就有了大量关于茶的记载，可见早在两千多年以前，茶就成了我国先民的重要生活物品。

【两汉茶业的发展】

从两汉不多的有关茶的历史资料来看，此时，我国茶叶生产、饮用和茶业的中心仍是巴蜀，武阳是当时茶叶最大的集散地。

而随着茶区渐渐扩大，长江下游也开始种茶。《汉书·地理志》记载，西汉时，今湖南就有"荼陵"（今茶陵）的地名。这表明茶的生产和饮用已经从巴蜀经荆楚一直传播到了长江下游和浙江沿海一带。

很明显，茶业重要产区和茶市的形成，标志着饮茶和茶业的发展。而从司马相如的《凡将篇》来看，茶仍然被列为药物，这是我国汉代把茶作为药物的最早的文字记载。东汉名医华佗曾著有《食论》，认为茶的主要药理功能是："苦茶久食，益意思"。可见汉代茶的饮用还保留着早期药用的一些原始性状，这说明汉代还处于我国茶的早期饮用阶段。

三国两晋：茶文化的形成阶段

如果说汉代茶的传播主要还只显于荆楚或长江中游，那么三国和两晋时，江南和浙江沿海的我国东部地区，茶叶的饮用和生产也逐渐传播开来了。《三国志·吴书》写道："（孙）皓每飨宴，无不竟日。坐席无能否，率以七升为限。……曜素饮酒不过二升，初见礼异时，常为裁减，或密赐茶荈以当酒。"这个记载表明，至少在东吴的统治阶级中，饮茶已开始流行。

三国吴和东晋均定都现在的南京，由于达官贵人特别是东晋北方士族的集结、移居，今苏南和浙江的所谓江东一带，在这一政治和经济背景下，作为茶业发展新区，其茶业和茶文化在这一阶段中，自然较之全国其他地区也明显更快地发展了起来。从茶的饮用来看，如果说三国江东茶的饮用还主要流行于宫廷和望族之家，那么到东晋时，茶便成为建康和三吴地区的一般待客之物了。

随着文人饮茶之兴起，有关茶的诗词歌赋日渐问世，茶已经脱离作为一般形态的饮品，走入文化圈。两晋时，士人越来越多地加入饮茶行列。涌现出一些吟及茶事的诗歌，为茶叶抹上了一层儒家"尚仁贵中"的思想色彩。这时，我国茶文化的脉络已浮现出来。

两晋时代，奢侈荒淫的纵欲主义横行于世，一些有识之士对此痛心疾首，于是出现了桓温以茶替代酒宴等事例。茶文化也以一种素雅、简朴的形式流行于坊间。

南北朝：茶成为寻常饮食之一

三国两晋时，重要的茶业产地几乎都在巴蜀和荆楚。但到南朝时，江淮地区的茶叶生产及茶叶质量已经达到了很高的水平。这时候的茶，已经和米、酒一类并列，成为人们寻常的饮食之一。俗话说"开门七件事，柴米油盐酱醋茶"，正是由此而来。

南北朝时期，尽管北方长期处于不尚茗饮的游牧民族统治之下，但饮茶的传统却一直未断。当时的少数民族统治者虽然不崇尚饮茶，但并没有禁止南北茶叶贸易，反而在宫廷中专门备有茶叶，用来随时招待南方的降臣和嗜茶的来客。后来，渐渐形成我国历史上独有的"赐茶之风"，宫廷不时向臣下和"番使"赐茶，这一礼仪正起源于此。

饮茶流行于世之后，即使是南北朝时南北分隔、战乱频繁，茶叶仍以其不可中辍的魅力，绵延于中华社会，融于寻常百姓的日常生活。

【以茶作祭】

晋代以前，人们开始有了用茶来敬宾待客的习俗，到南朝时，进一步发展成了用茶来祭祀祖先神灵。

以茶作祭，这主要归功于南朝齐国第二任皇帝萧赜。《南齐书·武帝本纪》中提到，萧赜临死前诏曰："祭敬之典，本在因心。我灵上慎勿以牲为祭，唯设饼、茶饮、干饭、酒脯而已。天下贵贱，咸同此制。"这是萧赜针对当时贵族厚葬靡费提出的改革。萧赜遗诏之后，以茶作祭开始流行于民间。

唐朝：茶的"黄金时代"

【茶兴于唐】

唐朝，在我国茶业和茶叶文化发展史上，是一个具有里程碑式意义的重要时代。史称"茶兴于唐"或"盛于唐"。在唐代，茶去一划，始有茶字；陆羽作经，才出现茶学；茶始收税，才建立茶政；茶始销边，才开始有边茶的生产和贸易。一句话，直到唐朝，茶在我国社会经济、文化中，才真正成为一种显著的生产事业和文化。

【陆羽著《茶经》】

公元780年，陆羽著《茶经》，是唐代茶文化形成的标志。它概括了茶的自然和人文科学双重内容，探讨了饮茶艺术，把儒、道、佛三教融入饮茶中，首创了中国的茶道精神。

【"八道"——唐代的八大茶区】

山南	峡州、襄州、荆州、衡州、金州、梁州
淮南	光州、义阳郡、舒州、寿州、蕲州、黄州
浙西	湖州、常州、宣州、杭州、睦州、歙州、润州、苏州
剑南	彭州、绵州、蜀州、邛州、雅州、泸州、眉州、汉州
浙东	越州、明州、婺州、台州
黔中	思州、博州、费州、夷州
江南	鄂州、袁州、吉州
岭南	福州、建州、韶州、象州

19

[元代] 赵原《陆羽烹茶图》（局部）

此画远山绵延起伏，近山巍峨，山水清幽，布局重山复水。近处有茅草屋临水而筑，隐秘于山林间。阁内一人，扶膝踞坐于榻上，应为陆羽，一童子正拥炉烹茶。作者自题"陆羽烹茶图"，并题诗一首："山中茅屋是谁家，兀坐闲吟到日斜。俗客不来山鸟散，呼童汲水煮新茶。"

茶兴于唐而盛于宋

【宋代都市茶文化：茶馆】

伴随商品经济的发展，宋代茶风兴起，也促进了茶馆的繁盛。

宋代城市中出现了众多的茶铺，两宋京都以至外郡、市、镇，茶楼林立，时称茶坊、茶房、茶屋、茗坊等，成为宋代都市茶文化的象征。

在宋代名画《清明上河图》中，可以看到沿河的茶肆一字排开，呈现一派欣欣向荣的繁盛景象。仔细观摩，你能看到屋檐下、店门前都设有许多茶桌，里面正有饮茶者在其中把盏闲谈、各得其乐；更有一些流动的茶摊、茶寮散布其间分茶贩茶，令往来游人流连其间、乐而忘返。

【墨茶之辩】

苏轼一生嗜茶，又精于书法。一次，司马光讥讽他说："你精于品茶和书法，想必知道茶与墨的三种不同特性，一、茶是越白越为上品，而墨却是越黑越好；二、越重的茶是好茶，而越轻的墨是好墨；三、茶越新鲜越好，墨则是越陈越佳。你怎么会同时喜欢这两种相对立的东西呢？"

苏轼淡淡一笑，说："上好之茶与妙品之墨都有沁人心脾的芳香，这是它们所共有的一种'品德'；两者都很坚实，这可以说是它们的一种'节操'。就好像君子和贤人，可能一个长得好看，另一个却很丑；一个皮肤白皙，另一个却皮肤黝黑，但这种外在的表现却不能影响他们内在的品质和德行。"

短短一席语，让司马光钦佩不已。

[北宋] 张择端《清明上河图》（局部）

制茶工艺革新多在明清

明清时期，饮茶之风越发盛行。明代把饮茶这一高雅享受更加发扬光大。

【 茶的革新 】

明代是中国茶业与饮茶方式发生重要变革的发展阶段。为去奢靡之风、减轻百姓负担，明太祖朱元璋下令茶制改革，用散茶代替饼茶进贡。明太祖的诏令，客观上对进一步破除团饼茶的传统束缚，促进芽茶和叶茶的蓬勃发展，起到了有力的推动作用。

这一时期，出现了不少新的茶叶生产加工技术，发明了"炒青法"。在未发明炒青法之前，茶叶是采用"自然发酵"的方法，在炒青法发明后才开始有了绿茶及红茶的制造。

散茶和"炒青法"的流行，使饮茶的方式日趋简化，现今的制茶方法与泡茶法即是沿袭明代的方式，至今已有600年的历史。

【 茶在民间 】

明代，茶肆经营已很普遍，品茶活动由户内转向户外，时常举行"点茶""斗茶"之会，互相比较技术高低，一时蔚为奇观。茶饮之风颇有日渐风行之势。

到了清朝，"文字狱"使文人精力受挫，已无心吟咏"茶"了，再加上洋货的冲击，茶饮为洋水所冲淡，民间饮茶的风气大不如前。

[明] 文徵明《品茶图》(局部)
图中草堂环境幽雅，堂舍轩敞，几榻明净。堂内二人对坐品茗清谈。几案上一壶两杯，正是用茶壶泡茶分斟而饮。由此可见，早在明嘉靖年间，泡茶法已流行。

现代茶文化的发展

【名优茶发展迅速】

各地历史名茶不少已得到恢复和发展，新创制的名优茶就更多。据不完全统计，中国现有名优茶已达一千一百多种，外形内质各具特色。中国名优茶的数量与品质，在世界上处于领先地位。

【茶文化社团纷纷建立】

随着茶文化事业的发展，全国各地各种茶文化机构和社团纷纷建立。有茶叶博物馆、茶文化研究会、茶文化促进会、茶艺联合会、茶人联谊会、茶人之家等。这些社团组织的建立，把一大批热心于茶文化的学者、专家和社会活动家团结在一起，共同为繁荣中国的茶文化事业而努力，促进了茶文化和茶产业的发展。

【茶文化事业欣欣向荣】

各地开展的茶文化活动内容丰富，形式多样。有以学术讨论为主的茶文化研讨会，有综合多项茶文化内容的茶文化节，有各种名优茶展销为主的茶博览交易会，有以展示各种泡茶艺术为主的茶道表演比赛，有欣赏茶区风光和茶区名胜古迹为内容的茶文化旅游等。

【茶文化著作、艺术品不断涌现】

茶界、文化界、史学界和艺术界等不少学者和专家积极发表茶文化论文、出版茶文化著作、创作茶文化艺术品，掀起了一股热潮。可以说，茶文化出版物的数量之多是前所未有的。

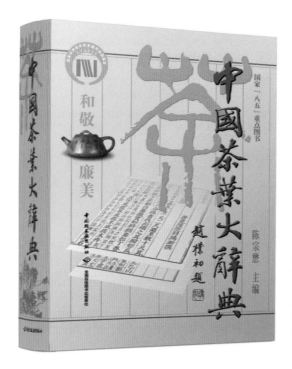

陈宗懋主编，中国轻工业出版社，2000.12 第1版第1次印刷
荣获国家图书奖提名奖、国家辞书奖一等奖的《中国茶叶大辞典》，前后历时十年编撰，既有古代、当代茶文化和茶事，又有当代顶级茶业科技成果，是一部颇具特色、可读性和权威性较强的科学辞典。

传播

中国是茶树的发源地。然而，中国在茶业上对人类的贡献，不仅在于最早发现了茶，最先利用了茶这种植物，更主要的是把它发展成为我国和东方乃至整个世界的一种灿烂独特的茶文化。

中国茶道与日本茶道

古代日本没有原生茶树，也没有喝茶的习惯，大致在6世纪下半叶时，茶种从中国传至日本。随着茶种一起传入的，还有中国的"茶道"一词和茶道内涵。

日本茶道跟中国茶文化同生一脉，始于盛唐，成形于宋朝，流行全球于现代。日本茶文化充分汲取了中国茶文化中的养分，并把日本国家中的精神文化、政治、宗教信仰等人文元素融合在其中，形成了今天别具一格的日本茶道。正如日本茶文化专家仓泽行洋教授所说："日本茶道是出生于中国的，她的母亲就是中国茶道。"

日本茶道的仪式感强，冲泡茶的功夫细致入微、十分严谨，严格的操作连泡茶的第几个环节用第几只手指都有所讲究。日本茶道的严格、烦琐，其实跟日本人骨子里的工匠精神不无关系，但同时也较为缺乏一个宽松、自由的氛围。

中国茶道则是一种包罗万象、顺乎自然的美丽哲学。中国哲学讲究天人合一，不求形式上上升到道的层面，而是讲求一切能通达自然，在渺小中观察天地奥秘。也因中国人谦虚的个性，只觉茶文化如空气般如影随形、稀松平常，所以中国人喝茶更悠然自得。

23

日本茶道用具：
①茶碗；②茶杓；③茶筅；④茶罐；⑤茶壶。

陆路传播

随着国内饮茶风尚由南向北的普及，中国茶文化也开始了向周边国家和地区传播的历程。这一时期，茶是中外贸易中最受欢迎的中国货，沿着人们惯常所说的"丝绸之路"，通过陆路向西传到中亚、西亚，向东通过陆路和海路传向东亚的朝鲜和日本，以及东南亚、南亚，形成了一条条茶叶贸易之路。

海路传播

明代郑和下西洋，经越南、印度、斯里兰卡、阿拉伯半岛，最终到达非洲东海岸，每次航行都伴有茶叶出口。这条经过南亚诸国、将中国茶叶传入亚洲、欧洲、非洲的路径，有人称之为"海上茶叶之路"。

【茶的陆路传播】

始于巴蜀地区

秦汉时期，传播至东部与南部，湖南出现产茶胜地"茶陵"。

唐代，茶业重心东移，江南成为茶业产制中心，茶叶的生产极其繁盛。

公元6世纪下半叶，随着中国佛教"天台宗"的传布，中国茶也被带入朝鲜半岛和日本。

隋唐时期，以茶马交易的形式，沿着"丝绸之路"，茶叶经回纥及西域各国向西亚和阿拉伯等国输送。

五代及宋朝初年，茶业重心南移，福建建安茶被列为贡茶。

宋代时期，茶已在神州大地的各个角落生根发芽。

【茶的海路传播】

非洲 明代郑和七次下西洋，茶叶传入非洲。据记载，摩洛哥人已有三百多年的饮茶历史。

美洲 1784年，美国帆船"中国皇后"号抵达广州港，开始了美国与中国正式的茶叶贸易。
1812年，巴西引入中国茶叶。
1824年，阿根廷在中国购置茶子回国种植。从此，茶叶在美洲国家开始广泛流行起来。

欧洲 1606年，荷兰东印度公司第一次将中国茶叶运至阿姆斯特丹。
东印度公司把茶叶输出到意大利、法国、德国和葡萄牙，继而传遍欧洲各国。

大洋洲 19世纪初，茶由传教士和商船带到了新西兰等地，随后逐渐在大洋洲兴旺起来。

千年茶马古道

茶马古道是一条世界上自然风光最壮观，文化最为神秘的旅游线路，是中国历史上对外交流的第五条通道，与"丝绸之路"有着同等重要的历史价值和地位，它蕴藏着开发不尽的文化遗产。

【起源】

茶马古道源于我国唐宋时期的"茶马互市"，是边疆少数民族用马匹换取茶叶的贸易行为。古代，内地民间的役使和军队征战需要优良的骡子、战马，而茶是边民的生活必需品，于是藏区、川滇边地的良马与内地的茶进行贸易，由此产生了"茶马互市"。

【主要路线】

一条是滇藏茶马古道。从云南普洱茶原产地（今西双版纳等地）出发经大理、丽江、中甸、德钦到西藏的左贡、邦达、察隅或经昌都、洛隆、工布江达、拉萨，再经由江孜、亚东分别到缅甸、不丹、尼泊尔、印度。

第二条是从四川的雅安出发，经泸定、康定、巴塘、昌都，再经由洛隆、工布江达到拉萨，再到尼泊尔、印度。这是古代中国与南亚地区一条重要的贸易通道。

【十七条古道】

1. 景洪—普洱—宁洱—大理
2. 腾冲—保山—大理
3. 大理—剑川—丽江
4. 六库—福贡—丙中洛—贡山—茨中村
5. 白水台—虎跳峡—石鼓镇—维西保和镇
6. 香格里拉—奔子栏村—溜筒江村—芒康
7. 成都—雅安—名山—二郎山—康定
8. 成都—都江堰—小金—丹巴—八美
9. 康定—道孚—炉霍—甘孜—德格—江达—昌都
10. 康定—理塘—巴塘—昌都
11. 稻城—木里—泸沽湖—丽江
12. 昌都—类乌齐—丁青—那曲—当雄—拉萨
13. 昌都—邦达草原—八宿—然乌—波密—察隅
14. 波密—林芝—泽当镇—拉萨
15. 拉萨—江孜—亚东
16. 拉萨—日喀则—拉孜—樟木镇
17. 拉萨—日喀则—普兰

历代茶书

《茶经》——世界上第一部茶书

作者：［唐］陆羽　　成书时间：公元780年

唐代陆羽所著的《茶经》，是中国乃至世界现存最早、最完整、最全面介绍茶的一部专著，其按中国古文化特有的传统以"经"命名，足见其至高地位。

茶经分为三卷十节，总共七千多字，总结了自先秦时代到唐代中叶两千多年间的茶事，全面系统地介绍了中国古代茶的演变，涵盖了茶从采摘、制作到饮用的全部过程，堪称一部关于茶的百科全书。

《茶经》是划时代的茶学专著，问世以后不仅带动了当时的饮茶风尚，还极为深远地影响到了后世。在陆羽《茶经》的影响和倡导下，普通茶事升格为一种美妙的文化艺术，推动了中国茶文化的发展。

【三卷十节】

上卷	一之源	茶的起源、名称、种类、产地和特性
	二之具	茶的采制工具及其使用方法
	三之造	采茶、制茶的程序
中卷	四之器	二十八种烹茶的器具
下卷	五之煮	煮茶的方法，品评各地的水质
	六之饮	回顾饮茶的历史，说明饮茶的方法
	七之事	辑录了古书中的茶事
	八之出	把全国的茶叶产地分成八大区，并把每区出产的茶叶分成四个等级
	九之略	在一定的条件下哪些工具和器皿可以省略，哪些方式可以简化
	十之图	把前述内容画下来，悬挂在墙壁上，让饮茶者一望而知，经常观赏

正是在陆羽写作《茶经》后，在文人雅士的引导下，人们才从"吃茶""饮茶"上升到"品茶"的境界，饮茶成了一种品位高雅的生活情趣，带给人脱俗的精神享受。

《大观茶论》——由皇帝撰写的茶书

作者：[宋]赵佶　　成书时间：大观元年（公元1107年）

宋徽宗时期，茶文化兴盛，宋徽宗本人不仅嗜茶、爱茶，还对茶学有很深入的研究。他所撰写的《大观茶论》，是我国历史上第一部由皇帝撰写的茶书。

《大观茶论》全书共二十篇，内容十分丰富、涉及面也颇为广泛，分为地产、天时、采择、蒸压、制造、鉴辨、白茶、罗碾、盏、筅、瓶、杓、水、点、味、香、色、藏焙、品名、外焙20个名目。对北宋时期蒸青团茶的产地、采制、烹试、品质、斗茶风俗等均有详细记述。

自问世以来，《大观茶论》的影响力和传播力非常巨大，不仅积极促进了中国茶业的发展，同时极大地推进了中国茶文化的发展，使得宋代成为中国茶文化的重要时期。

宋徽宗品茗图

宋徽宗嗜茶，爱茶，认为茶是灵秀之物，饮茶会令人修身养性，享受清静无为。

《品茶要录》——为爱茶者探究茶叶鉴赏之道

作者：[宋]黄儒　　成书时间：熙宁八年（公元1075年）前后

全书十篇：一至九篇论制造茶叶过程中应当避免的采造过时、混入杂物、蒸不熟、蒸过熟、烤焦等问题；第十篇讨论选择地理条件的重要。

黄儒认为：有议论茶事者会著文讨论采制的得失、茶器之宜否、斗茶时的汤火，并将茶事书于绢绸之上，流传广远，却没有提到欣赏鉴别的标准。于是黄儒细究摘采制造时的得失，分为十说道出其中缺点，总名之为《品茶要录》。

《茶疏》——明代茶书中最好的一本

作者：[明]许次纾　　成书时间：公元1597年

《茶疏》分为产茶、今古制法、采摘、炒茶、岕中制法、收藏等章。产茶这一章，完全摒弃前代的文献，而专门陈述当时的事；今古制法这一章，则批评宋代的团茶，反对茶叶混入香料以抬高茶价，以致丧失茶的真味；采摘这一章，详细记述了几种少见记载而又为人们所喜好的茶叶。

《茶疏》不但是明代茶书中最好的一本，而且在历代茶书中占有相当地位，有较高的史料价值。

茶，香叶，嫩芽，慕诗客，爱僧家……

洗尽古今人不倦，将至醉后岂堪夸。

——[唐]元稹

第二章

初识芳茗露华鲜——识茶

茶叶历史悠久，各种各样的茶类品种万紫千红，竞相争艳，犹如春天的百花园，在神州的万里山河中显得分外妖娆。

识茶，是习茶者的基本功。所谓"饮茶自会识茶，识茶进而亲茶，亲茶自然爱茶，爱茶者方能品出茶中百味。"

认识一叶茶

茶的生长环境和精湛的制作工艺是相辅相成的，好的芽叶加上好的做工才能生成好茶。我们了解茶的适生条件、茶叶的采制过程，对熟悉茶性很有帮助，对泡好一杯茶也很有必要。

茶的适生条件

茶树的生长环境对茶叶的品质有很大的影响，它的味道会随着生长地的土壤、水质、气候、光线等条件的改变而发生变化。我国南方湿润多雨，正好迎合了茶树的生活习性，故自古就有"南方有嘉木"一说。

【土壤】

土壤是茶树生长的自然基础，茶树所需要的养分和水分，都是从土壤中获得的，因此，土壤的性质与茶树生长紧密相关。茶树一般生长于酸性土壤中，耐贫瘠亦耐肥沃。

陆羽在《茶经》中谈到茶树最上等的土壤，应当是风化比较完全的土壤，通透性好的。

【气候】

茶树生长要求的是湿润气候，雨量充沛，多云雾、少日照。

茶树在水分充足的情况下，光合作用形成的糖类化合物缩合会发生困难，纤维素不易形成，这样，可使茶叶原料鲜叶在较长时期内保持鲜嫩而不粗老。同时，充沛的雨水还能促进茶树的氮代谢，使鲜叶中的含氮量和氨基酸提高。这些对保持茶叶嫩度和提高茶叶滋味十分有利。

【光线】

茶树虽然需要一定光照，但以弱光照为宜，尤其需要有较多的漫射光。山地阳坡有树木荫蔽的茶园，漫射光多，其茶叶品质最佳。

【高山产好茶】

高山茶，色泽翠绿，茸毛多，节间长，鲜嫩度好。由此加工而成的茶叶，往往具有特殊的香味，而且香气高，滋味浓，耐冲泡，且条索肥硕、紧结，白毫显露。

古往今来，我国历代的贡茶、传统名茶，大多出自高山。更有许多名茶以高山云雾命名，如江西庐山云雾、湖南南岳云雾。

采茶

"凡采茶，在二月、三月、四月之间。"这句话说明了采茶的季节性。春茶的采摘期一般是清明到立夏；夏茶的采摘期是小满到夏至；大暑到寒露之间采得的是秋茶。目前，绿茶以清明、谷雨前采摘的质量较佳。

【采茶看天气】

茶叶采摘时的天气也有讲究，需要严格掌握采摘时间：有雨不采，晴有云不采，晴天才采茶。原因是，雨量多、气温高的时节，茶芽容易长大变老，影响其品质，所以必须及时采摘。但是晴天有云不采摘茶叶的要求已经超过了当今茶叶采摘的实际可能。因此茶的采摘生产也随着时代和环境的变化而有所改变。

【竹器盛香茶】

茶为净物，应天时地利而生，采茶尤其要谨慎小心，不能伤其色味。这就要有适宜的采茶器具。

现在我国南方大部分地区都产竹子，取材方便、价格低廉。用竹子编成的篮子，通风透气，鲜茶叶短时间堆积其中也不会因为温度升高导致发热变质。而且竹篮的质量轻便，无论肩背手提，茶农都会非常省力。虽然现今采茶已经从手工采摘过渡到机械采摘，但是小范围内，竹器依然是茶农采茶时的必备工具。

【采茶讲技法】

除了讲究器具，采摘鲜茶更要讲究技法。基本的采茶技法分为"掐采""提手采""双手采"等。

掐采：又称折采，细嫩茶叶的标准采摘包括托顶、撩头等。

提手采：标准采摘手法，即掌心向下，用拇指和食指夹住鱼叶[1]上的嫩茎，向上轻提，芽叶折落掌心。绝大部分的绿茶、红茶都是用这种方法采摘。

双手采：茶树有理想的树冠、采摘面平整的，适合用双手采，可提高效率50%～100%，熟练的采茶人喜欢这种采法。

割采：边区人民惯饮的紧压茶称为边茶，边茶原料粗大，采摘时多使用工具（小铁刮刀、镰刀、采摘铗）。采摘时要迅速，避免枝条裂开影响下一轮新梢发芽。

采摘时不可一手将，否则会伤害芽叶的完整性，放入竹篮中不可紧压；鲜叶要放在阴凉处，堆放时不可重压。

31

---

[1]鱼叶：指茶树的越冬芽在春季发芽时初展开未抽出新梢时最初的叶片，呈鱼形。

茶叶品质

不同生长地茶叶的品质不一样。《茶经》认为："野者上，园者次；紫者上，绿者次；笋者上，芽者次；叶卷上，叶舒次。"

不同季节的茶叶品质也有区别。春天生长的鲜叶，叶多呈浓绿，肥大而柔软，水分之含量多；夏天生长的茶叶，叶小而质稍硬；秋天的茶叶，其品质介于春夏季之间；至晚秋及冬初所产的茶叶，叶片较小且易硬化，制成茶水色及香味，均属淡薄，外形亦粗大，难以制成佳品。

鲜叶规格

一芽一叶

一芽二叶

一芽三叶

一芽四叶

茶叶采摘部位示意图

茶叶有：

单芽、一芽一叶、一芽二叶、一芽三叶、一芽四叶、一芽五叶。

一芽一叶，传说未婚女子用金剪剪下此段制作贡茶。一芽一叶刚展开，形似"旗枪"。

一芽二叶，依叶子展开程度不同，又分为以下几种：开面叶，指嫩梢生长成熟，出现驻芽的鲜叶；小开面，鲜叶规格，其中第一叶为第二叶面积的一半；中开面，其中第一叶为第二叶面积的三分之二；大开面，其中第一叶长到与第二叶面积相当。

一芽三叶，目前市场上常见的中等质量的茶叶。

一芽四叶、一芽五叶，粗茶的采摘。

茶的命名

茶叶命名的依据，除以形状、色香味和茶树品种等不同外，还有以生产地区、采摘时期和技术措施以及销路等不同而得名。

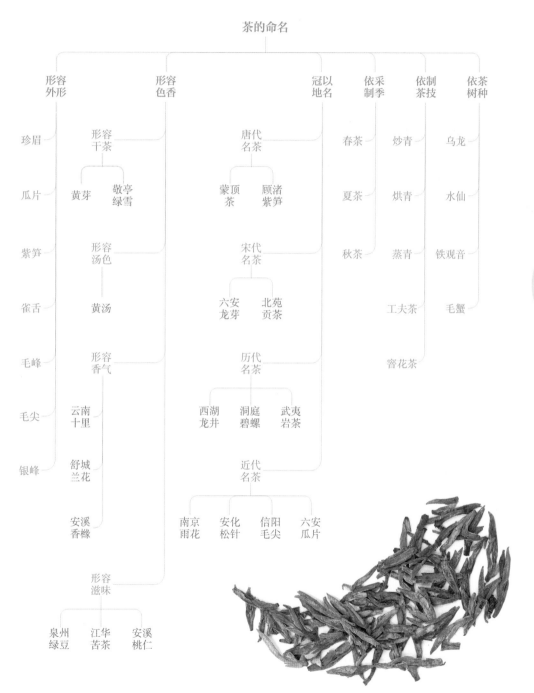

基本茶类及制作工艺

绿茶——历史悠久

【初识绿茶】

绿茶属不发酵茶。最早的茶叶使用是从咀嚼鲜叶开始的，后来慢慢发展到生煮羹饮。

三千多年前，古人开始采集野生茶树上的芽叶，并晒干收藏，这在广义上可以看作是绿茶加工的开始。真正意义上的绿茶加工始于8世纪，成熟于12世纪，并逐渐完善、沿用至今。

绿茶在我国产量最大，几乎各省均产绿茶，以浙江、江苏、安徽、江西、湖北、湖南、贵州为多。绿茶离我们的生活最近，历史、文化也最悠久。

【茶言观色】

绿茶没有经过任何发酵程序，所以很好地保存了新鲜茶叶中的天然物质，其中保留了鲜叶中的茶多酚、咖啡碱85%以上，保留叶绿素50%左右，维生素损失也较少，从而形成了绿茶"清汤绿叶，滋味收敛性强"的特点。

绿茶的香味悠长，非常适合浅啜细品。绿茶不仅品质优异，而且造型独特，具有较高的艺术欣赏价值。

【制茶有道】

❶ 杀青：通过高温破坏和钝化鲜叶中的氧化酶活性，抑制鲜叶中的茶多酚的酶促氧化，蒸发鲜叶部分水分，使茶叶变软，便于揉捻成形，同时散发青臭味，促进良好香气的形成。杀青是绿茶形状和品质形成的关键工序。

> 绿茶制作工艺流程：杀青 → 揉捻 → 干燥

❷ 揉捻：破坏鲜叶组织，让茶汁渗出，同时简单造型。

❸ 干燥：有炒干、烘干、晒干等方法，目的是挥发掉茶叶中多余的水气，提高茶香、固定茶形。

【绿茶的基本分类】

炒青绿茶	眉茶	如炒青、特珍、凤眉、秀眉、贡熙等
	珠茶	如珠茶、雨茶等
	细嫩炒青	如龙井、大方、碧螺春、雨花茶、松针等
烘青绿茶	普通烘青	如闽烘青、浙烘青、徽烘青、苏烘青等
	细嫩烘青	如黄山毛峰、太平猴魁、华顶云雾、高桥银针等
晒青绿茶	如滇青、川青、陕青等	
蒸青绿茶	如煎茶、玉露等	

【泡饮方法】

 玻璃杯泡法　　 盖碗泡法　　 壶泡法

（参见第176～183页，"名茶冲泡"之绿茶名茶的冲泡。）

【绿茶的优劣对比】

	优质		劣质	
干茶		整齐，鲜亮，有光泽，闻有浓厚茶香		色黄晦暗、无光泽，香气低沉
茶汤		色泽碧绿，有清香、兰花香、熟板栗香，滋味甘醇爽口		色泽深黄，味虽醇厚但不爽口
叶底		柔软、整齐		僵硬、杂乱

35

【代表品种】

滇红工夫，产区：云南（见58页）

滇红碎茶，产区：云南（见59页）

正山小种，产区：福建（见74页）

政和工夫，产区：福建（见75页）

坦洋工夫，产区：福建（见76页）

九曲红梅，产区：浙江（见93页）

祁门红茶，产区：安徽（见103页）

红茶——风靡世界

【初识红茶】

红茶属于全发酵茶类，中西方都有很多它的拥护者，是全世界生产与销售数量最多的一个茶类。

如果一个外国朋友对你说"Black Tea"，千万不要以为他说的是黑茶，其实他说的是红茶。之所以有这种中外称呼上的差异，据说是因为西方人看的是干茶的颜色，而中国人是以制作工艺区分茶类。

【茶言观色】

红茶汤色红亮鲜明，这是因为经过完全发酵，茶叶中的物质已经完全氧化，变成茶黄素、茶红素等物质的缘故。

红茶滋味浓厚鲜爽，醇厚微甜，有熟果香、桂圆香、烟香。和牛奶调饮，奶香和茶香很好地融合，口感柔嫩滑顺。

【制茶有道】

红茶制作工艺流程：萎凋 → 揉捻 → 发酵 → 干燥

发酵是决定红茶品质的关键工序。通过发酵促使多酚类物质发生酶性氧化，产生茶红素、茶黄素等氨氧化产物，形成红茶特有的色、香、味。

❶ 萎凋：通过晾晒，使鲜叶损失部分水分，增强茶的酶活性，同时叶片变柔韧，便于造型。

❷ 揉捻：使茶容易成形并增进色香味浓度，同时，由于叶细胞被破坏，便于在酶的作用下进行必要的氧化，利于发酵的顺利进行。

❸ 发酵：使多酚类物质在酶促作用下产生氧化聚合作用。形成红叶红汤的独特品质。

❹ 干燥：蒸发水分，缩小体积，固定外形，保持干度以防霉变。

【红茶的基本分类】

小种红茶	正山小种、烟小种等
工夫红茶	祁门工夫、滇红工夫、宜红工夫、川红工夫、闽红工夫、湖红工夫、越红工夫等
红碎茶	叶茶、碎茶、片茶、末茶等

【泡饮方法】

清饮法	调饮法
杯饮法	壶饮法

（参见第200～204页，"名茶冲泡"之红茶名茶的冲泡。）

【红茶的优劣对比】

		优质		劣质
小种红茶	干茶		条索肥实；香气高长，带松烟香		条索松散
	茶汤		色泽乌润，汤色红浓，呈糖浆状的深金黄色；滋味醇厚，带桂圆汤味		不透亮，味苦涩
	叶底		厚实光滑、呈古铜色		色暗无光
工夫红茶	干茶		条索紧细、匀齐；色泽乌润，富有光泽；香气馥郁		条索粗松、匀齐度差；色泽不一致，有死灰枯暗的茶叶；香气不纯
	茶汤		汤色红艳，在茶杯内茶汤边缘形成金黄色圈；滋味醇厚		汤色欠明、深浊；味苦涩、粗淡
	叶底		叶底柔软均匀		叶底花青，深暗多乌条
红碎茶	干茶		碎茶颗粒卷紧，叶茶条索紧直，末茶成砂粒状；乌润或带褐红色		茶色灰暗、干枯
	茶汤		红艳明亮、滋味浓、强、鲜爽		暗红色，浑浊，滋味暗淡，不清爽
	叶底		红艳明亮		暗杂

37

青茶——绿叶红镶边

【初识青茶】

青茶属于部分发酵茶，色泽青褐如铁，民间俗称乌龙茶。

青茶的制法综合了绿茶和红茶制法的优点，叶体中间呈绿色，边缘呈红色，素有"绿叶红镶边"的美称，味道兼备绿茶的鲜浓和红茶的甘醇。

青茶为我国特有的茶类，主要产于福建的闽北、闽南，及广东和台湾省。

【茶言观色】

青茶既保留了绿茶的清香甘鲜，适度的发酵又使其具有红茶的浓郁芬芳的优点，取两家之长，从而也博得了更多人的喜爱。

因为产地和品种不同，青茶茶汤颜色从明亮的浅黄色、明黄色到非常漂亮的橙黄色、橙红色。干茶色越绿，发酵程度越轻，茶汤色越浅，反之干茶色越褐绿、褐红、乌润，茶汤色则越深。

【代表品种】

凤凰单丛，产区：广东（见63页）

武夷肉桂，产区：福建（见70页）

安溪铁观音，产区：福建（见67页）

武夷大红袍，产区：福建（见71页）

铁罗汉，产区：福建（见72页）

闽北水仙，产区：福建（见73页）

永春佛手，产区：福建（见69页）

黄金桂，产区：福建（见68页）

冻顶乌龙，产区：台湾（见81页）

白毫乌龙，产区：台湾（见82页）

文山包种，产区：台湾（见83页）

【制茶有道】

青茶制作工艺流程：萎凋 → 做青 → 杀青 → 揉捻 → 干燥

青茶工序中的做青是形成青茶特有品质特征的关键工序，是奠定青茶香气和滋味的基础。

❶ 萎凋：鲜叶经摊青后进行晒青，以午后4时阳光柔和时为宜，叶子宜薄摊。

❷ 做青：萎凋后的茶叶置于摇青机中摇动，叶片互相碰撞，擦伤叶缘细胞，从而促进酶的氧化作用，茶叶发生了一系列生物化学变化。叶缘细胞被破坏，发生轻度氧化，叶片边缘呈现红色。叶片中央部分，叶色由暗绿转变为黄绿，即所谓的"绿叶红镶边"。

❸ 杀青：利用高温钝化或停止酶的活

性，终止发酵，进一步提高茶香和便于揉捻。

❹ 揉捻、干燥：分两次进行，初揉、初烘、复揉、复烘，使成品香气敛藏，滋味醇厚。

【青茶的基本分类】

闽北青茶	如武夷岩茶、水仙、大红袍、肉桂等
闽南青茶	如铁观音、奇兰、本山、毛蟹、黄金桂等
广东青茶	如凤凰单丛、凤凰水仙、岭头单丛、饶平乌龙等
台湾青茶	如冻顶乌龙、文山包种等

【泡饮方法】

潮汕工夫茶泡法

福建工夫茶泡法（参见194页 名茶冲泡，铁观音）

台湾青茶泡法（参见197页 名茶冲泡，冻顶乌龙）

【青茶的优劣对比】

		优质		劣质
较轻发酵乌龙茶	干茶		色泽油绿、砂绿，鲜亮	色青绿、发暗
	茶汤		浅黄色、明黄，汤透亮	不透亮
	叶底		油润、完整，有标准的"绿叶红镶边"	无光泽，无"红镶边"
较重发酵乌龙茶	干茶		色泽红褐或者乌润，鲜亮	色泽乌黑、发暗
	茶汤		汤色橘红色，清澈、透亮	汤色橘红、不透亮、混浊
	叶底		油润、完整	不完整

【代表品种】

普洱生饼茶，产区：云南（见56页）

普洱熟饼茶，产区：云南（见57页）

老帕卡，产区：云南（见55页）

六堡茶，产区：广西（见65页）

茯茶，产区：湖南（见97页）

黑茶——内敛沉稳

【初识黑茶】

黑茶属于后发酵茶，其原料较粗老，加上制作过程中一般需要较长时间的堆积发酵，因而叶色多呈暗褐色，故称"黑茶"。

黑茶是我国特有的茶类，生产历史非常悠久，最早的黑茶是由四川生产的，由绿茶的毛茶经蒸压而成。

黑茶主要产于湖南、湖北、四川、云南、广西等地，其主要品种有湖南黑茶、湖北老边茶、四川边茶、广西六堡散茶、云南普洱茶等，为一些少数民族所喜爱，尤其是藏族、蒙古族和维吾尔族人民，把黑茶当作日常生活的必需品。

【茶言观色】

大部分茶叶讲究的是新鲜，制作的时间越短，茶叶越显得珍贵，陈茶往往无人问津。而黑茶则是茶中的另类，贮存时间越长的黑茶反而越难得，这也是最近几年普洱茶大行其道的原因之一。

黑茶茶汤大多为深红色，亮红或暗红，不同种类黑茶汤色有一定差异。普洱茶生茶汤色浅黄，自然发酵的普洱茶汤色随着存储年份增加由浅黄逐渐转变为橙黄、浅红和深红色；普洱熟茶汤色红浓明亮，令人赏心悦目。

黑茶具陈香、陈韵和熟香。普洱茶的香气是黑茶中最具有代表性的，滋味和口感也是最被人们接受的。

【制茶有道】

黑茶制作工艺流程：杀青 → 揉捻 → 渥堆 → 干燥

❶ 杀青：因为鲜叶粗老，含水分低，需高温快炒，呈暗绿色即可。

❷ 揉捻：杀青完成的茶叶，揉捻后晒干就成了黑茶的原料茶。

❸ 渥堆：把经过揉捻的茶堆成大堆，人工保持一定的温度和湿度，用湿布或者麻袋盖好，使其经过一段时间的发酵，适时翻动一两次。渥堆是决定黑茶品质的关键，其时间长短、发酵程度轻重都会直接影响黑茶成品的品质，使不同类别黑茶的风格具有明显差别。

❹ 干燥：用低温烘干后成黑毛茶。黑茶一般都是制成紧压茶，使黑毛茶潮软后，再压制、干燥。

【黑茶的基本分类】

湖南黑茶	如安化黑茶等
湖北老边茶	如蒲圻老边茶等
四川边茶	如南路边茶、西路边茶等
滇桂黑茶	如普洱茶、六堡茶等

【泡饮方法】

烹煮法	冲泡法	闷泡法	调饮法

（参见第184~191页"名茶冲泡"之黑茶名茶的冲泡。）

【黑茶的优劣对比】

	优质		劣质	
干茶		条形完整，老叶较大，嫩叶较细，呈猪肝色		条形细而碎，不齐整；茶色灰暗、干枯
茶汤		透明、发亮，汤上面看起来有油珠形的膜		茶汤发黑、发乌，不清透；有陈杂滋味或者霉味
叶底		叶片完整，能够维持柔软度		叶底僵硬，柔软度不好，或者发霉易碎，不完整

黄茶——色橙味浓

【初识黄茶】

黄茶属后发酵茶，闷黄为其独有的制作工艺，其特征为黄汤、黄叶。

黄茶香气清纯，滋味爽口，茶性微凉，为我国特种茶类。主要产于我国四川、湖南、湖北、浙江、安徽等省。其中湖南是主要的黄茶产区之一，岳阳的君山和宁乡的沩山是两大茶乡，所以有"潇湘黄茶数两山"之说。

黄茶的生产历史悠久，明代许次纾的《茶疏》中就有黄茶生产、采制、品尝等记载，距今已有四百多年的历史。

市场上的黄茶价格不菲，动辄上千元一斤。

【茶言观色】

黄茶的产生属于炒青绿茶过程中的妙手偶得。人们发现，由于杀青、揉捻后干燥不足或不及时，叶色即变黄，于是产生了新的品类——黄茶，黄茶的品质特点是黄汤黄叶。轻轻啜上一口，满口余香。

虽然与绿茶的制作工艺有许多相似之处，但它比绿茶多了一道"闷黄"的工艺。"闷黄"使茶叶进行了发酵，使黄茶与绿茶有了明显的区别。绿茶属于不发酵茶类，而黄茶则属于微发酵茶类。

黄茶不仅茶身黄，汤色也呈黄色，形成了"黄汤黄叶"的品质风格。其香气清高，滋味浓厚、鲜爽、醇厚，香气足。

【制茶有道】

黄茶制作工艺流程：萎凋 → 杀青 → 闷黄 → 干燥

❶ 萎凋：通过晾晒，使鲜叶损失部分水分，增强茶的酶活性，同时叶片变柔韧，便于造型。

❷ 杀青：对黄茶香味的形成有着极为重要的作用。杀青过程中蒸发掉一部分水分，酶的活性降低，散发掉青草气，由此形成黄茶特有的清鲜、嫩香。

❸ 闷黄：黄茶独有的制造工艺，通过湿热作用使茶叶内含成分发生一定的化学变化，是形成黄茶黄叶黄汤的关键工序。

❹ 干燥：蒸发多余的水分，便于储存。

【黄茶的基本分类】

黄芽茶	如君山银针、蒙顶黄芽、霍山黄芽等
黄大茶	如广东大叶青、霍山黄大茶等
黄小茶	如北港毛尖、鹿苑毛尖、温州黄汤、沩山毛尖等

【泡饮方法】

 壶泡法　　 盖碗泡法　　 玻璃杯泡法

（参见第205～209页"名茶冲泡"之黄茶名茶的冲泡。）

【黄茶的优劣对比】

	优质		劣质	
干茶		色泽金黄或者黄绿、嫩黄，显毫		色泽暗淡，不显毫
茶汤		汤色黄绿明亮		色泽黄绿，不透亮
叶底		叶底嫩黄、匀齐		叶底发暗、不亮

43

【代表品种】

白毫银针，产区：福建（见77页）

白牡丹，产区：福建（见78页）

寿眉，产区：福建（见79页）

白茶——银装素裹

【初识白茶】

白茶属微发酵茶，为中国特有茶类，主要产于福建省，其他地区也有少量出产。

白茶，从字面的意思来看似乎是说茶叶或茶汤是白色的，其实不然。之所以称为白茶，是因为制作完成时白茶的叶面有一层白色的绒毛。

白茶历史悠久，生产已有一千多年的历史，早在宋代宋徽宗的《大观茶论》中就记载："白茶自为一种，与常茶不同。"

【茶言观色】

白茶是世界上享有盛名的茶类珍品，其最主要的特征是满披白毫，如银似雪，故得名"白茶"。这是由于人们在采摘时选用细嫩、叶背多白茸毛的芽叶，加工时不炒不揉，晒干或用文火烘干，使白茸毛完整地保留下来。

白茶汤色黄亮，滋味清醇甘爽、香气纯正，叶底匀整、油嫩。

白茶的主要品种有白毫银针、白牡丹、寿眉等。尤其是白毫银针，全是披满白色茸毛的芽尖，形状挺直如针，在众多的茶叶中，它是外形最优美者之一，令人喜爱。

【制茶有道】

白茶制作工艺流程：萎凋 → 干燥

❶ 萎凋：萎凋过程是形成白茶干茶密布白色茸毫品质的关键，分为室内萎凋和室外萎凋两种方法，根据气候的不同灵活运用。因为没有揉捻工序，所以茶汁渗出的较慢，但是因为制法的独特，恰恰没有破坏茶叶本身酶的活性，所以保持了茶的清香、鲜爽。

❷ 干燥：去除多余水分和苦涩味，使茶香高味醇。

【白茶的基本分类】

白芽茶	如白毫银针等
白叶茶	如白牡丹、寿眉等

【泡饮方法】

玻璃杯泡法　　盖碗泡法

（参见第210~211页，"名茶冲泡"
之白茶名茶的冲泡。）

【白茶的优劣对比】

	优质		劣质	
干茶		毫多而肥壮，毫色银白有光泽，叶面墨绿或翠绿		毫芽瘦小而稀少，叶片摊开、折贴、弯曲；杂质多
茶汤		滋味鲜爽、醇厚、清甜；汤色杏黄，清澈明亮		滋味粗涩、淡薄；汤色泛红、暗浊
叶底		匀整、肥软，叶色鲜亮		硬挺、破碎、暗杂、花红、黄张、焦叶红边

寻茶篇：访名茶，鉴好茶

好茶有形、有色、有香，再有典故就是名茶。名茶有其独到的风味。西湖龙井清雅淡远，如江南的文人；碧螺春是清淡美人，清香袭人；青茶好比修行者的智慧，热忱持久；普洱茶温和厚道，有如与多年老友相对……

鉴赏名茶，让我们在享受茶的清香时，解读茶与茶之间的差异，品味茶与茶的不同灵韵。

第一章

何山尝春茗——走进茶区访名茶

明山秀水出名茶。自古以来，但凡名茶，几乎全长于名山之坡，汲于名泉之水。正如古语所说："高山好茶，借水而发"，故山、水、茶是密不可分的。随着历史发展，这些宜茶山水逐渐形成茶区，到了唐代，茶区规模已经相当大，遍及现在的13个省及自治区。

如今，我国现有茶园面积110多万公顷，茶区分布辽阔，共有21个省（区、市）1000多个县、市生产茶叶。国家一级茶区有四个：西南茶区、华南茶区、江南茶区、江北茶区。

就请随我们走进茶区，游历名山，啜饮名茶，足令你"尘虑一时净，清风两腋生"！

西南茶区
中国最古老的茶区

西南茶区是世界茶树的发源地，是中国最古老的茶区。早在千年以前，这里的紧压茶就已经随着马队的铃声在茶马古道上流通到全国，甚至到达周边和更远的国家和地区。西南名茶是中国茶叶走向世界的第一步。

地理位置：	位于中国西南部
包含省份及地区：	包括云南、贵州、四川三省、重庆以及西藏东南部
茶树品种：	茶树品种资源丰富，有灌木型和小乔木型茶树，更难得珍贵的是，部分地区还生长着乔木型茶树，有些乔木型茶树的树龄甚至在千年以上
产茶种类：	主要生产红茶、绿茶、沱茶、紧压茶（砖茶）和普洱茶等

茶区寻名茶

	名茶	分类	产区	特征
四川	峨眉竹叶青	绿茶	峨眉山	外形扁平光润，挺直秀丽，色泽嫩绿油润，香气清香馥郁，汤色嫩绿明亮，滋味鲜嫩醇爽，叶底嫩匀
	其他名茶：蒙顶黄芽（见51页）、蒙顶甘露、巴山雀舌、青城雪芽、川红工夫、邛崃黑茶等			
重庆	沱茶	绿茶紧压茶	重庆市	成品茶形似碗臼，色泽乌黑油润，汤色橙黄明亮，叶底较嫩匀，滋味醇厚甘和，香气馥郁陈香
贵州	湄潭翠芽	绿茶	遵义市	外形扁平光滑，形似葵花子，隐毫稀见，色泽翠绿，香气清芬悦鼻，栗香浓并伴有新鲜花香。滋味醇厚爽口，回味甘甜；汤色黄绿明亮；叶底嫩绿匀整
	其他名茶：都匀毛尖（见53页）、凤冈富锌富硒茶、遵义毛峰、贵定云雾贡茶、梵净山翠峰茶等			
云南	南糯白毫茶	绿茶	西双版纳州勐海县	外形条索紧结，有锋苗，身披白毫，香气馥郁清纯，滋味浓厚醇爽，汤色黄绿明亮，叶底嫩匀成朵，经饮耐泡
	其他名茶：普洱茶（见56页）、老帕卡（见55页）、滇红工夫（见58页）、红碎茶（见59页）、云南沱茶等			
西藏	珠峰圣茶	绿茶	波密县易贡乡	外形条索细紧有锋苗，露毫，色深绿光润，香高持久，汤色黄绿明亮，滋味醇厚回甘，叶底嫩匀

说明：标红名茶后文皆有详细介绍。

四川

四川被认为是中国乃至世界种植、制作、饮用茶叶的起源地之一，茶文化源远流长。四川也是中国产茶大省，茶业与茶文化既促进了经济增长，又改善丰富了人民群众的生活。

四川拥有优秀名茶产区三十多个，名茶品种繁多。四川还盛产茉莉花，所以窨制花茶的历史也非常悠久。

生态环境

四川盆地山地交错，自然地理环境得天独厚，气候综合条件极好。四川茶区主要分布在生态环境较好的盆地周边的山地和丘陵地区。这些地区气候条件独特，日照少、气温适宜、云雾多、湿度大、漫射光丰富，是发展绿茶、特别是名优绿茶的最适宜地区。

由于冬暖夏凉的气候特点，加上春季气温回升早而快，四川茶区开园采摘普遍比浙江、江苏等主产茶省提前20～30天，特别是川南茶区，2月上中旬即可采摘新茶。

茶旅文化

俗话说，天下茶馆数中国，中国茶馆数四川。遍布大街小巷的茶馆已成为四川一大景观。

四川人爱喝茶，爱泡茶馆。坐在茶馆中，茶客们可看川剧、可听清音、可遛鸟、可打盹儿……要么就两三个人凑在一块儿"摆龙门阵"，大家逍遥自在，自得其乐。在这样的环境中，你可以深深感受到社会群体的亲和，感受到茶馆儿浓浓的地方特色。

名茶
产地

蒙顶山

四川蒙顶山重峦叠嶂，青山如黛，风光如画，素与峨眉、青城相媲美。出产的蒙山茶种植始于西汉，具有两千多年的历史和丰富的文化底蕴，素有"扬子江中水，蒙山顶上茶"的美誉。

◎ 产地特征

蒙山茶之所以优质独特，与蒙顶山特殊的地理环境与气候土壤分不开。

蒙山茶产地土层深厚，酸性、微酸性土壤占70%以上，森林覆盖率达44%以上。地属中纬度亚热带湿润气候，年平均气温15.5℃，年均降雨量1519.9毫米，年平均相对湿度82%，为低光辐射区，气候温和，雨量充沛，四季分明，为茶树的生长和有益内含物质的形成提供了得天独厚的气候条件。

▤ 产茶历史

◎始于西汉

尽管不能证明茶树的种植始于何时，但是从现存世界上关于茶叶最早记载的王褒《童约》和吴理真在蒙山种植茶树的传说，可以证明四川是茶树种植和茶叶制造的起源地。迄今为止，能够证明的最早开始人工茶树种植的地方便是四川的蒙顶山。

◎盛于唐宋

唐宋时期是蒙山茶的极盛时期。从唐玄宗天宝元年（公元742年）被列为贡品，作为天子祭祀天地祖宗的专用品，一直沿袭到清代，历经一千二百多年而不间断。

◎恢复发展在新中国

中华人民共和国成立后，蒙顶名茶得到迅速恢复和发展，蒙山茶场运用现代制茶技艺，按照古传贡茶的特点，恢复了石花、黄芽、甘露、万春银叶、玉叶长春等名茶生产。

蒙顶黄芽（黄茶）

知名度：★★★★	最佳品茗季节：夏季
冲泡难易度：★★★★	投茶法：下投法或中投法（参见161页"绿茶的几种泡法"）

蒙顶黄芽，是芽形黄茶之一，采摘于春分时节，茶树上有10%的芽头鳞片展开，即可开园采摘。选圆肥单芽和一芽一叶初展的芽头，经复杂制作工艺而成，是黄茶中的极品。

📋 历史与故事

现在蒙顶黄芽的制茶方法，源于清朝时的贡茶制作工艺，据清光绪时《名山县志》中记载："尽摘其嫩芽，笼归山半智矩寺，乃剪裁粗细及虫蚀，每芽只拣取一叶，先火而焙之。焙用新釜，燃猛火，以纸裹叶熨釜中，候半蔫出而揉之。诸僧围坐一案，复一一开所揉，匀摊纸上，弸于釜口，烘令干。又精拣其青润完洁者为正片贡茶。茶经焙稍粗则叶背焦黄，稍嫩则黯黑，此皆剔为余茶不登贡品。"

后来，人们觉得不登贡品的黄一点的茶扔掉可惜了，就演变成了现在用纸包焖三次的蒙顶黄芽。在20世纪50年代，蒙山茶大多以黄芽茶为主，只是近年来多产蒙顶甘露，不过黄芽仍有生产。

🫖 专家教你鉴名茶

传统法制成的黄芽色黄带褐，带有"闷黄"（微发酵）的清甜香，是高级品、正统货；高温炒黄的产品色黄而亮，一般不带清甜香，常带熟香，味醇厚，较苦涩；较差的黄茶往往带有陈茶的气味，滋味较苦涩。

品质特点

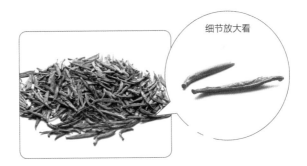

细节放大看

❶ 干茶：外形扁直，色泽微黄，芽毫毕露

❷ 茶汤：汤色黄亮

滋味：甜香浓郁、香味鲜醇

❸ 叶底：全芽，嫩黄匀齐

贵州

贵州是中国的主要产茶区，贵州茶叶经常被称作"黔茶"。

贵州地处世界茶树原产地的核心地带，茶叶文明由此发祥。贵州高原至今得存的古茶树群落与唯一的茶籽化石，以及至今保持着原生状态的民族民间茶文化，昭示着黔茶的绵长悠远。

生态环境

贵州因其"低纬度、高海拔、寡日照、多云雾、无污染"的生态优势，再加上贵州土壤中富含锌、硒等矿物质元素，使得贵州成为大面积适宜产茶的地区，也为生产优质安全茶创造了条件。

茶旅文化

贵州立足茶产业，大力发展茶旅一体化项目。茶文化旅游景点、茶庄等旅游景区在省内遍地开花，催生了一个个美丽的茶乡、茶村。

徜徉于茶园间，亲手采摘茶叶，学习茶艺茶道，在独具特色的地方民居吃以茶为主料做的美食……"茶旅一体化"让更多人走进茶园、茶庄、农家乐，深度体验生态茶乡的"茶生活"，领略贵州茶园和山山水水的美景。

名茶产地

都匀市

贵州名茶都匀毛尖，主要产地在贵州省都匀市的螺丝壳山、团山、哨脚、大槽一带。

产地特征

都匀位于贵州省南部，属亚热带季风气候。这里山谷起伏，海拔千米，峡谷溪流，林木苍郁，云雾笼罩，四季宜人。加之土层深厚，土壤疏松湿润，内含大量的铁质和磷酸盐。这些特殊的自然条件不仅适宜茶树的生长，也形成了都匀毛尖的独特风格。

都匀毛尖（绿茶）

知名度：★★★★　　　　最佳品茗季节：夏季

冲泡难易度：★★★　　　　投茶法：上投法（参见161页"绿茶的几种泡法"）

都匀毛尖又名"细毛尖""鱼钩茶"，是中国十大名茶之一。形可与太湖碧螺春并提，质能同信阳毛尖媲美。著名茶界前辈庄晚芳先生曾写诗赞曰："雪芽芳香都匀生，不亚龙井碧螺春。饮罢浮花清爽味，心旷神怡攻关灵！"

历史与故事

都匀毛尖茶有悠久的历史。据史料记载，早在明代，都匀毛尖茶中的"鱼钩茶""雀舌茶"便是皇室贡品，深受崇祯皇帝喜爱。到乾隆年间，已开始行销海外。

都匀毛尖1915年与贵州茅台同获巴拿马万国博览会大奖，1982年被评为中国十大名茶。

三绿三黄

都匀毛尖素以"干茶绿中带黄，汤色绿中透黄，叶底绿中显黄"的"三绿三黄"特色著称。这是由于其采摘的是清明前后数天刚长出来的未展开的叶片，要求叶片细小短薄，嫩绿匀齐。

专家教你鉴名茶

特级的都匀毛尖品质润秀，香气清鲜，滋味醇厚，回味甘甜。而仿冒品往往在第一次冲泡后味道就荡然无存。

细节放大看

① 干茶： 条索卷曲、色泽翠绿、外形匀整、白毫显露、绿中带黄

品质特点

② 茶汤： 汤色清澈、绿中透黄、香气清嫩

滋味：滋味鲜浓、回味甘甜

③ 叶底： 叶底明亮、芽头肥壮

云南是茶树的发源地。云南出好茶，云南人爱喝茶，云南聚集的26个民族都用各自不同的方式在品饮着云南的茶。云南人家中那永不熄灭的火塘边，驿道、马帮歇脚的篝火旁，山间清澈如许的清泉畔……无不飘荡着云南特有的茶香。

生态环境

云南多处亚热带季风气候区，这种气候使得茶叶产区既有强烈的日照，又有大量的云雾，为茶树生长提供了得天独厚的气候条件。云南土壤肥沃，土壤类型以赤红壤、砖红壤为主，土层较厚，含有极其适于茶树生长的多种矿物质。

云南地处中国西南边疆地区，自古交通不便，使得茶区的原生态自然环境最大限度得到保存，茶山生态极为平衡，可以尽量少用，甚至不用人工施肥和使用农药，就能使茶树良好生长，收获大量优质茶叶。

茶旅文化

云南民族众多，各个民族都特别喜爱饮茶。在千百年的发展历程中，云南各民族形成了各具特色的饮茶习俗，并将之作为一种传统，一代传一代。如白族的"三道茶"、傣族的"竹筒茶"、哈尼族的"土锅茶"、布朗族的"青竹茶"和"酸茶"、基诺族的"凉拌茶"、佤族的"烧茶"、拉祜族的"烤茶"、彝族的"土罐茶"、纳西族的"龙虎斗茶"、藏族的"酥油茶"等。

名茶产地

滇西南

《云茶大典》依据大叶种茶树生态适宜指标，将云南茶叶生态适宜性等级区域划分为：最适宜I区、最适宜II区、适宜区、次适宜区、不适宜区五级。其中滇西茶区与滇南茶区为最适宜区。

◎ **产地特征**

较高海拔条件（1200～1800米）和低纬度（北纬22°左右）这个区域之内，日温差大，晚上很冷，白天很热，产出的云南茶叶品质最佳。滇西南茶区的西双版纳州、普洱市、临沧市等北回归线附近地区的茶山都达到了最佳的高海拔和低纬度条件的结合，是最适宜大叶茶生长、最出好茶的地区，其次是保山、大理、德宏等茶区。

老帕卡（黑茶）

知名度：★★	最佳品茗季节：冬季
冲泡难易度：★★★★	泡茶法：煮饮（详见184页）

老帕卡是普洱茶的一种，原来是云南思茅哈尼族的传统养生茶，音译为"帕卡"，俗称"老帕卡茶"，即老叶子茶的意思。此茶品从采摘到做成成品均为哈尼山民用传统原始的工艺纯手工加工，不含任何添加及化学原料，实属纯天然纯绿色的独特茶品。

历史与故事

老帕卡是一种古老的普洱茶，原来是云南茶农自己饮用的茶品，不外销，现在老帕卡已经成为难得的美味，不仅在当地广为流传，而且还远销世界各地。

老帕卡就是采摘茶树上的老叶子，放在沸水锅里煮，用热水高温破坏鲜叶中的酶活性，待到叶子萎蔫时，捞出晾晒，晾干后即成老帕卡。也可以在茶叶晾干后放在炭火上稍烤，这样有助于老帕卡的香味在饮用时全部释放出来。老帕卡苦涩度极低，茶质丰富，耐泡度高，色鲜汤厚，回甘生津。

品质特点

专家教你鉴名茶

如果你喝到一款没有条索，叶面黄绿各色都有，但汤色却橙黄显亮，口感细腻顺滑，特有的香味从第一泡延续至十五六泡才渐渐弱下去的普洱茶，那么你尝到的绝对是很好的老帕卡——老黄片。

黄片，就是老茶树上的老叶子，因多数老叶时间长了会泛黄，因此得名。黄片口感不苦不涩，香味独特，且不像嫩叶生茶那么伤胃。

细节放大看

❶ 干茶：叶片粗老完整，叶脉明显，呈浅褐绿色

❷ 茶汤：浅黄明亮
滋味：香、甜、味淡，较柔和

❸ 叶底：嫩而柔软

普洱生饼茶（黑茶）

知名度：★★★★★	最佳品茗季节：夏季
冲泡难易度：★★★★	泡茶法：沸水冲泡（详见186页）

"生饼"即"生普""青饼"，是指由晒青绿茶制作而成普洱茶饼，然后完全依靠自然陈放而成，不经过渥堆。陈放期间的物质转化很缓慢，但转化得自然且透彻。"青饼"要转化成上佳极品，起码要15～20年，陈化后的"青饼"其陈韵中仍保留着"活"的气氛，正所谓香藏味中。

📋 历史与故事

古代的普洱茶都是生普，之所以紧压成饼、砖、沱、瓜等不同形状，是为解决晒青毛茶松散、难以大规模运输的问题。饼、砖、沱、瓜等形状虽然给饮用带来一定的不便，但不经意间为茶叶中的内含物质转化营造了一个适宜的环境。

随着存放时间越来越长，生普逐渐发酵转化，汤色逐渐从清亮变成红浓明亮，滋味逐渐变得越来越醇厚、顺滑，并有一股独特的陈香味。生普这一后发酵特性，使保存得法的生普陈年老茶滋味丰富多变，增加了普洱茶的文化属性，变成了"可以喝的古董"。

🫖 专家教你鉴名茶

好的生饼茶表面有油润感，条索完整，可以轻易辨别芽和叶，芽头为银白色，叶片以墨绿为主，几乎看不到黄褐色的粗老叶片，色泽、条索都比较均匀。气味应该是茶叶的自然清香味，不应有异杂味。

品质特点

细节放大看

❶ 干茶：色泽墨绿、褐绿色，优质茶条索里有白毫

❷ 茶汤：橙黄浓厚明亮，浅黄绿
滋味：有生涩味、刺激感，有浓重的绿茶香气，回甘好

❸ 叶底：饱满柔软

普洱熟饼茶（黑茶）

知名度：★★★★★	最佳品茗季节：冬季
冲泡难易度：★★★★	泡茶法：沸水冲泡（详见190页）

普洱茶是在云南大叶茶基础上研制出的茶种，又称滇青茶，由于原运销集散地是在普洱，因此得名，距现在已有一千七百多年的历史。

🫖 专家教你鉴名茶

好的普洱熟茶毛茶干茶呈黑或红褐色，有些芽茶则呈暗金黄色。不好的则有浓浓的渥堆味，发酵较轻者有类似龙眼味，发酵较重者有闷湿味。

好的普洱茶，无论生普、熟普，茶汤必须干净、清亮，汤色发浑发暗的绝不是好茶。

熟普茶汤入口滋味甘甜、顺滑，若寡淡无味则为一般的茶。

📋 历史与故事

熟普制作工艺是直到20世纪70年代才发明的，是茶叶专家从广东黑茶制作工艺中得到启发，为加速晒青毛茶陈化，经过反复研究试验，将一定规模晒青毛茶加水加温后进行渥堆发酵而成的茶制品。

经过一定时间的高温高湿渥堆发酵后，晒青毛茶的内含物质迅速转化，功效上达到了生普需自然存放几十年才能达到的效果。但经过渥堆发酵，晒青毛茶的活性已基本消失，失去了长期保存的价值，所以茶界有"存生普、喝熟普"之说。

品质特点

细节放大看

❶ 干茶：条索细紧、匀称，色泽褐红或深栗色，猪肝红

❷ 茶汤：红浓透明
滋味：陈香醇厚，顺滑、回甘，无霉味或异味

❸ 叶底：红棕色，不柔韧

滇红工夫（红茶）

知名度：★★★★　　　　最佳品茗季节：冬季

冲泡难易度：★★★　　　泡茶法：沸水冲泡（可参考200页祁门红茶泡法）

滇红产区主要是云南澜沧江沿岸的临沧、保山、思茅、西双版纳、德宏、红河等地。

历史与故事

滇红是云南红茶的统称，分为滇红工夫茶和滇红碎茶两种，被誉为"红茶之上品"。

1938年底，滇红销往伦敦，深受欢迎，以每磅800便士的最高价格售出而一举成名。据说，英国女王将其置于玻璃器皿之中，作为观赏之物。

专家教你鉴名茶

滇红工夫茶最大的特征为茸毫显露，毫色分淡黄、菊黄、金黄，不同季节的茶色各不相同，春茶毫色较浅，多呈淡黄，夏茶毫色多呈菊黄，秋茶则多为金黄色。另一大特征为香郁味浓，香气中带有花香。

优质滇红工夫外形肥硕，干茶色泽乌润，金毫特显，内质香气甜醇。高档滇红，茶汤与茶杯接触处常显金圈，冷却后立即出现乳凝状的冷后浑现象，冷后浑早出现者质更优。

品质特点

细节放大看

❶ 干茶：条索紧结，锋苗秀丽，茶芽叶肥壮，金毫显露

❷ 茶汤：红艳明亮
滋味：浓郁持久，冲泡三四次香味仍然不减

❸ 叶底：红艳柔嫩

滇红碎茶（红茶）

知名度：★★★★　　　　最佳品茗季节：冬季

冲泡难易度：★★　　　　泡茶法：沸水冲泡（详见 202 页）

红碎茶是国际茶叶市场上的大宗产品，目前占世界茶叶总出口量的80%左右，已有百余年的产制历史，在我国发展则是近50年间的事。红碎茶适宜做成袋泡茶，冲泡后宜与牛奶、糖、柠檬等调匀成奶茶或柠檬红茶。

历史与故事

滇红碎茶系采用优良的云南大叶种茶树鲜叶，经萎凋、揉捻、发酵、干燥等工序制成滇红工夫茶，经揉切制成滇红碎茶。也有直接在揉捻工序时揉切成红碎茶。

此工艺于1939年在凤庆与勐海县试制成功。在当时国家制定的红碎茶4套标准样中，以云南大叶种茶树鲜叶加工的红碎茶为第一套样，品质也最好，据说当时其他省区生产的红碎茶要出口，必须拼入云南茶叶，以提高滋味的浓强度，方能获得好价，故滇红碎茶当时又被称为"茶叶味精"。

专家教你鉴名茶

滇红碎茶颗粒重实，汤色红润，滋味浓强鲜爽，具有甜香，有时有花香，香气香浓持久者为上品。

品质特点

细节放大看

❶ 干茶：呈颗粒状，外形重实，匀整；色泽棕红，乌润，匀亮

❷ 茶汤：汤色红艳，红浓稍暗
滋味：鲜、爽、浓、强

❸ 叶底：红匀明亮

华南茶区
我国最适宜茶树生长的地区

华南茶区具有丰富的水热资源，茶园在森林的覆盖下，土壤非常肥沃，含有大量的有机物质，是中国各茶区中最适宜茶树生长的地区。

地理位置：	位于中国南部
包含省份及地区：	包括福建省、广东省、广西壮族自治区、海南省和台湾省
茶树品种：	茶树品种资源丰富，有灌木型和小乔木型茶树，部分地区还有乔木型大叶种
产茶种类：	以生产青茶、红茶为主，还有黑茶、白茶、花茶等

茶区寻名茶

	名茶	分类	产区	特征
广东	大叶奇兰	青茶	饶平、兴宁等地	外观紧结匀整，色泽青褐光润；内质香气花香悦鼻，汤色橙黄明亮，滋味醇厚爽口，回味甘甜，叶底软亮
	其他名茶：凤凰单丛（见63页）、凤凰水仙、英德红茶、岭头单丛等			
广西	桂林毛尖	绿茶	桂林尧山地带	条索紧细，白毫显露，色泽翠绿，香气清高持久，汤色碧绿清澈，滋味醇和鲜爽，叶底嫩绿明亮
	其他名茶：六堡茶（见65页）、凌螺春、覃塘毛尖茶、凌云白毫茶、横县茉莉花茶等			
福建	本山茶	青茶	原产安溪县	茶叶色泽砂绿，油光闪亮，条索紧结，沉重如铁；汤色金黄明亮；香气沉稳持久；滋味润滑稍苦，后返甘甜
	其他名茶：武夷肉桂、安溪铁观音、白毫银针、武夷大红袍、铁罗汉、闽北水仙、永春佛手、黄金桂、正山小种、政和工夫、坦洋工夫、白牡丹、寿眉（见67～79页）等			
海南	海南红茶	红茶	五指山、尖峰岭一带	包括叶茶、碎茶、片茶、末茶四个花色。滋味浓、强、鲜。红碎茶可直接冲泡，也可连袋冲泡，加糖加乳，饮用方便
台湾	日月潭红茶	红茶	南投县鱼池乡	茶汤艳红清澈，香气醇和甘润，滋味浓厚甘甜
	其他名茶：冻顶乌龙、白毫乌龙、文山包种（见81～83页）、阿里山珠露茶等			

说明：标红名茶后文皆有详细介绍。

广东

广东地区日照长、气温高、流汗多，人们需要通过饮食来补充大量的水分，饮茶同喝水一样，首先是人类生存的需要。随着社会经济的发展，茶文化的内涵不断丰富，广州"茶市"与潮州"工夫茶"，成为岭南茶文化的两颗明珠。

生态环境

广东省属于东亚季风区，从北向南分别为中亚热带、南亚热带和热带气候，是中国光、热和水资源最丰富的地区之一。广东降水充沛，年平均降水量在1300~2500毫米，全省平均为1777毫米。广东地区的土壤以红壤、赤红壤、砖红壤为主，土壤呈酸性，适宜茶树生长。

茶旅文化

潮汕工夫茶，是广东省潮汕地区特有的传统饮茶习俗，蜚声四海，被尊称为"中国茶道"。

"工夫"二字在潮语意中乃喻做事考究、细致用心之意。在潮汕人心中，"潮汕工夫茶"是一件很讲究的茶事活动，是潮汕人对精制的茶叶、考究的茶具、优雅的冲沏过程，以及品评水平、礼仪习俗、闲情逸致等方面的整体总结及称谓。

在潮州当地，不分雅俗，均以茶会友，把茶作为待客的最佳礼仪，这不仅是因为茶有着养生的作用，更因为自古以来茶就有"待君子，清心身"的意境。不论是公众场合还是居民家中，不论是路边村头还是工厂商店，无处不见人们长斟短酌。在品茶的过程中，人们还能联络感情、互通信息、闲聊消遣、洽谈贸易。

中国茶文化盛行于唐朝，潮州工夫茶则盛行于宋朝，是中国茶道中最具代表性的一种，是融精神、礼仪、沏泡技艺、品评质量为一体的完整的茶道形式。日本的煎茶道、中国台湾地区的泡茶道都来源于潮汕的工夫茶。

名茶
产地

潮安县凤凰山区

潮安县凤凰山，为我国著名产茶区之一，山上有一万一千多亩茶园。凤凰山以峭拔雄伟的山色、绚烂多彩的畲寨风情和奇香卓绝的凤凰茶传名于世。

产地特征

凤凰山区位于潮安县东北部，东邻饶平，北连大埔，西界丰顺，四面青山环抱，海拔在1100米以上，最高的乌岽山高达1498米。属海洋性气候，年平均气温17℃，霜期20~30天，气候温暖，雨量充沛。年降雨量为1900毫米左右，雨天年平均140天，相对湿度80%。土质多为黄壤土，土层深厚，富含有机质，pH4.5~6，山高云大，是茶叶的理想种植地。

产茶历史

传说南宋末年，宋帝赵昺逃难途中，路经凤凰山区乌岽山，口甚渴，侍从们采下一种叶尖似鸟嘴的树叶加以烹制，饮之止咳生津，立奏奇效。从此广为栽植，称为"宋种"，迄今已有九百余年历史。

现在乌岽山尚存有300~400年老茶树，树龄逾200年者有两千多株，被称为宋种后代，最大一株名"大叶香"。

凤凰单丛（青茶）

知名度：★★★★	最佳品茗季节：秋季
冲泡难易度：★★★	泡茶法：沸水冲泡（可参考194页铁观音的泡法）

凤凰单丛，属青茶类，产于广东省潮安县凤凰山区。凤凰单丛冲泡后，散发出持久的清香，这清香中，有一种凤凰山赋予的灵仙脱俗之气，让人心发尊崇虔敬之情，不由得轻叹一声：此物清高世莫知。

📑 历史与故事

凤凰单丛茶，是在凤凰水仙群体品种中选拔优良单株茶树，经培育、采摘、加工而成。茶树的单株形态和品味各具特色，自成一系。因其需要单株采摘、单株制作加工、单株包装贮藏、单株作价销售，故得名"凤凰单丛"。现在尚存的三千余株单丛大茶树，树龄均在百年以上，单株高大如榕，每株年产干茶十余斤。如今母树已"寿终正寝"。

在国内国际茶叶评比会上，凤凰单丛屡获殊荣。美国前总统尼克松访华，品尝后曾说："比美国的花旗参还要提神。"

63

🫖 专家教你鉴名茶

一般而言，好的凤凰单丛茶颜色黄褐，偏黑者次之。春冬两季单丛最好，尤以春茶叶底柔软细腻、茶香浓郁为最佳；夏秋茶次之。

品质特点

细节放大看

❶ 干茶：条索粗壮，匀整挺直，色泽黄褐，汪润有光，并有朱砂红点

❷ 茶汤：清澈黄亮
滋味：滋味浓醇鲜爽，润喉回甘

❸ 叶底：边缘朱红，叶腹黄亮

广西

早在秦汉时期，广西就有茶叶栽培痕迹，至今有两千多年的历史。陆羽《茶经》记载："茶树岭南生福州、建州、韶州、象州。"所言"象州"指的就是广西象州茶区。

生态环境

广西处于被称为中国地势第二阶梯的云贵高原的边缘，跨北热带、南亚热带与中亚热带，雨量充沛，热量丰富，自然生态环境优越，气候类型多样，夏长冬短，雨热同季，较有利于茶树生长。由于环境气候比较优越，广西茶叶采摘时间比浙江、福建早半个月至1个月，适合发展早春茶。

茶旅文化

广西不仅有特色名茶，还保留着大量的茶历史文化和名人活动遗迹。桂西、桂中、桂南、桂东是广西的四个主要茶区，其中分布着很多重要的茶叶产区和茶叶集散地。

广西桂林的茶叶研究所、桂林尧山的旅游观光园等，都是广西独具园林特色和茶叶文化的旅游项目。

名茶产地	梧州市六堡乡

梧州位于广西东部，是六堡茶、龟苓膏的原产地。

📍 **产地特征**

广西名茶六堡茶原产于广西梧州市苍梧县六堡乡。六堡乡位于北回归线北侧，属桂东大桂山脉的延伸地带。这里峰峦耸立，海拔1000~1500米，坡度较大。茶叶多种植在山腰或峡谷，溪流纵横，山清水秀，日照短，终年云雾缭绕。

六堡茶（黑茶）

知名度：★★	最佳品茗季节：冬季
冲泡难易度：★★★★	泡茶法：沸水冲泡或煮饮（可参考184～191页普洱茶及老帕卡泡法）

六堡茶冲泡后，其色黝黑，微带褐色，并伴有光泽，如同挂了一层油似的黑而透亮。如果说对其他茶类人们追求的是"青春"的滋味，那么对六堡茶而言，它打动人的则是岁月的沧桑。那愈陈愈香的特质，和那温厚纯朴的品质，使它成为大隐之人的心爱之物。

专家教你鉴名茶

六堡茶是采摘一芽二三叶，经摊青、低温杀青、揉捻、渥堆、干燥制成。分特级、一至六级。优质六堡茶以陈茶为好，存放越久品质越佳，以有槟榔香、槟榔味、槟榔汤色为佳。

品质特点

📋 历史与故事

六堡茶是我国一种古老的加工茶，属六大茶类中的黑茶类。其生产制成的历史可追溯到一千五百多年以前。清嘉庆年间以其特殊的槟榔香味而列为全国24种名茶之一，因原产于梧州市苍梧县六堡乡而得名，后发展到广西二十余县。

六堡茶在晾置陈化后，茶中便可见到有许多金黄色的"金花"，这是有益品质的黄霉菌，它能分泌淀粉酶和氧化酶，可催化茶叶中的淀粉转化为单糖，催化多酚类化合物氧化，使茶叶汤色变棕红，消除粗青味。

细节放大看

❶ 干茶：褐黑光润，叶条黏结成块，间有黄色菌类孢子

❷ 茶汤：红浓明净似琥珀色，香气醇陈
滋味：浓醇甘和，有槟榔香

❸ 叶底：红中带黑，有光泽

福建

福建闽南一带，有"宁可百日无肉，不可一日无茶"的说法，而福建闽北也有"宁可三日无粮，不可一日无茶"的俗话。在福建，很多当地人都已形成了早上和晚上都喝茶的习惯，对于茶的依赖已经到了用"痴迷"一词来形容的程度。

生态环境

福建气候属亚热带海洋性季风气候，温暖湿润。福建靠近北回归线，受季风环流和地形的影响，雨量充沛，光照充足，年平均气温17～21℃，平均降雨量1400～2000毫米，是中国雨量最丰富的省份之一，气候条件优越，适宜茶树及多种作物生长。

茶旅文化

福建闽南人喜欢用小杯品饮"工夫茶"，而闽北人则喜欢使大碗来饮用擂茶。

擂茶，在福建闽北及闽西北山区又称为"客茶"，原名叫"三生汤"。擂茶的主要做法是把茶叶、芝麻、生姜、爆米、猪油和盐等混在一起，放到"擂钵"内，反复擂成糊状，成"擂茶脚子"，把脚子放到茶碗里，再加入沸水，就成了具有甜苦香辣的福建特色茶——擂茶。

名茶产地	安溪县	产地特征

安溪县
安溪有上千年的产茶历史，是"中国青茶之乡"、安溪铁观音的发源地，以茶业闻名全国。

产地特征
安溪县是中国古老的茶区，自然环境得天独厚，茶树资源十分丰富。已收集的茶树品种达五十余种，被誉为"茶树良种宝库"。

安溪县的铁观音制作技艺已被列入国家级非物质文化遗产名录。

安溪铁观音（青茶）

知名度：★★★★★	最佳品茗季节：秋季
冲泡难易度：★★★★	泡茶法：沸水冲泡（详见194页）

铁观音之名，在青茶中最为响亮，蜚声国内外，代表了闽南青茶的风格，素有"茶王"之称。泡饮铁观音讲究用工夫茶具，宜用沸水冲泡，七泡香气不减，兼有红茶之甘醇与绿茶之清香，还伴有兰香，因为铁观音茶山同时也有兰花生长。

专家教你鉴名茶

优质铁观音茶条卷曲、紧结，呈青蒂绿腹蜻蜓头状，色泽鲜润。叶身沉重，取少量茶叶放入茶壶，可闻"当当"之声，其声清脆为上，声哑者为次。

"音韵"是铁观音特有的品质特征，是由铁观音品种的内在物质所决定的。铁观音中低沸点香气物质比例明显大于其他乌龙茶品种，这种特殊的香气和滋味就称为铁观音的"音韵"。

历史与故事

相传乾隆年间，安溪有一位叫魏荫的乡民笃信佛教，每天清晨必以清茶一杯，敬献于观音菩萨像前。一日清晨，他进山途中发现在乱石中有一棵茶树，在朝阳辉映下叶片闪闪发光。魏荫好奇，将其移植于自己的屋后，精心栽培。待它枝繁叶茂，遂采撷嫩叶制茶。他发现此茶较其他茶叶重，且暗绿似铁，又因该茶香气浓郁特别，魏荫便用它来供奉观音。久而久之，人们便将此茶称为"铁观音"了。

品质特点

细节放大看

❶ 干茶：肥壮圆结，茶条卷曲，沉重匀整，色泽砂绿，整体形状似蜻蜓头

❷ 茶汤：金黄、橙黄
滋味：醇厚甘鲜，稍带蜜味，鲜爽回甘，极有层次和厚度

❸ 叶底：肥厚软亮

67

黄金桂（青茶）

知名度：★★★　　　　　最佳品茗季节：秋季

冲泡难易度：★★★　　　泡茶法：沸水冲泡（可参考192～199页青茶的泡法）

黄金桂产于福建安溪县，本名"黄旦"或"黄棪"，是以黄棪品种茶树嫩梢制成的青茶，因其汤色金黄且有奇香似桂花，故名黄金桂。黄金桂的"贵气"主要体现在"一早二奇"上。一早，即萌芽、采制、上市早；二奇，即外形"黄、匀、细"，内质"香、奇、鲜"，有"未尝清甘味，先闻透天香"之誉。

🫖 专家教你鉴名茶

精品黄金桂成干茶极轻，香气优雅鲜爽，略带桂花香味，素以"一闻香气而知黄棪"而著称。冲泡之时，未揭杯盖，茶香扑鼻；揭开杯盖，芬芳迷人。精品黄金桂，轻啜满口生津，滋味醇细甘鲜，令人心旷神怡。

历史与故事

相传清朝咸丰年间，安溪县罗岩灶坑有位青年，娶了西坪珠洋村的采茶女王淡。新婚"对月"后，王淡回娘家，按风俗，需从娘家带一件"带青"礼物回去，以取"落地生根"、繁衍子孙的寓意。

娘家人准备的礼物便是两株茶苗。没想这是两株性状奇特的茶苗，清明刚过就芽叶长成，比当地其他茶树大约早一个季节。炒制时，房间里飘荡着阵阵清香。制好冲泡，奇香扑鼻；入口一品，甘鲜似桂，余韵无穷。

闽南话里"王"与"黄"，"淡"与"棪"语音相近，故而得名。

细节放大看

❶ 干茶：条索紧细，卷曲匀整，体态较飘，叶梗细小，色泽黄润，素有"黄、匀、细"之称

❷ 茶汤：金黄明亮，香气幽雅鲜爽，带桂花香型
滋味：醇细鲜爽，回甘提神，素有"香、奇、鲜"之说

❸ 叶底：叶底中央黄绿，边沿朱红，柔软明亮

品质特点

68

永春佛手（青茶）

知名度：★★★　　　　最佳品茗季节：秋季

冲泡难易度：★★★　　泡茶法：沸水冲泡（可参考192～199页青茶的泡法）

佛手茶树品种有红芽佛手与绿芽佛手两种（以春芽颜色区分），以红芽为佳。鲜叶大的如掌，椭圆形，叶肉肥厚。冲泡时馥郁幽芳，冉冉飘逸，就像屋里摆着几颗佛手、香橼等佳果所散发出来的绵绵幽香，沁人心脾。可谓"此茶只应天上有，人间哪得几回尝"。

📋 历史与故事

永春佛手是福建青茶中风味独特的名品，产地位于泉州市的永春县。相传是北宋年间安溪县骑虎岩寺的一个和尚，把茶树的枝条嫁接在佛手柑上，经过精心培植而成。其法后传授给永春县狮峰岩寺的师弟，引种至今。

佛手本是柑橘属中一种清香诱人的名贵佳果，此茶以佛手命名，不仅因为它的叶片和佛手柑的叶子极为相似，而且因为制出的干毛茶，冲泡后散出如佛手柑一般特有的奇香。

常饮佛手茶可减肥、止渴、消食、除痰、明目益思、除火去腻。闽南一带的华侨不仅将其作茗茶品饮，还经年贮藏，以作清热解毒、帮助消化之药。赞其"西峰寺外取新泉，啜饮佛手赛神仙；名贵饮料能入药，唐人街里品茗篇。"

🫖 专家教你鉴名茶

抓一把永春佛手置于手心，掂一掂，重者为优，轻者为次。也可将茶叶放入盖碗中，摇动一下，听听声响，清脆响亮为优。优质的永春佛手茶汤滋味醇厚回甘，口齿生津；品质差的苦涩难入口，有锁喉感。

品质特点

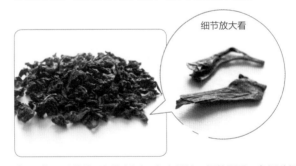

细节放大看

❶ 干茶：干茶外形如海蛎干，条索紧结，粗壮肥重，色泽砂绿油润

❷ 茶汤：汤色金黄透亮，香气馥郁幽长、沁人肺腑

滋味：滋味芳醇，生津甘爽

❸ 叶底：柔软黄亮

武夷肉桂（青茶）

知名度：★★★　　　　最佳品茗季节：秋季

冲泡难易度：★★★　　　泡茶法：沸水冲泡（可参考192～199页青茶的泡法）

武夷肉桂，亦称玉桂，是产于山岩的岩茶，为青茶的上品，由于它的香气滋味有似桂皮香，所以在习惯上称"肉桂"，是武夷岩茶名丛之一。

专家教你鉴名茶

武夷肉桂除了有岩茶的滋味特色外，更有辛锐持久的高品种香，因而备受人们喜爱。据专家评定，优质的肉桂茶桂皮香明显，带乳味，香气久泡犹存，冲泡六七次仍有"岩韵"的肉桂香。

品质特点

历史与故事

武夷山茶区，是一片兼有黄山怪石云海之奇和桂林山水之秀的山水胜境。这里有红色砂岩风化的土壤，土质疏松，腐殖含量高，酸度适宜；山区雨量充沛，云雾弥漫，气候温和，冬暖夏凉，岩泉终年滴流不绝。

武夷肉桂即生长在山凹岩壑间，由于雾大，日照短，漫射光多，茶树叶质鲜嫩，叶绿素高，形成了独特品质。清代蒋衡的《茶歌》对肉桂茶有很高的评价，指出其香极辛锐，具有强烈的刺激感："奇种天然真味好，木瓜微酽桂微辛。何当更续歌新谱，雨甲冰芽次第论。"

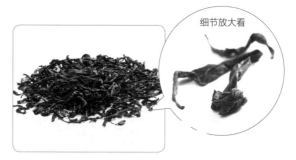

细节放大看

❶ 干茶：紧结壮实，条索匀整卷曲；色泽褐禄，油润有光，部分叶背有青蛙皮状小白点；嗅之有甜香

❷ 茶汤：清澈橙黄，茶汤特具奶油、花果、桂皮般的香气
滋味：入口醇厚回甘，咽后齿颊留香

❸ 叶底：匀亮，红镶边

武夷大红袍（青茶）

知名度：★★★★★	最佳品茗季节：秋季
冲泡难易度：★★★★	泡茶法：沸水冲泡（详见192页）

品饮大红袍时，夹着空气小口徐徐吸入，舌尖在口腔内打转，鼓两腮，触动口腔味蕾细胞，再咽下。一杯微苦，二杯甜，三杯味无穷，齿颊留香，香高而悠远，味醇而清心。飘飘然，直如范仲淹诗云："不如仙山一啜好，冷然便欲乘风飞。"

专家教你鉴名茶

优质大红袍品质最突出之处是"岩韵"明显。茶之韵味，主要指"喉韵"。品饮好茶，茶汤香味给人以齿颊留香、舌本甘润、醇厚鲜爽、回味幽长的感觉。岩茶喉韵称"岩韵"，岩韵锐则浓长，清则幽远，滋味浓而愈醇，鲜滑回甘。所谓"品具岩骨花香之胜"即指此意境。好的大红袍最少可以冲泡七八次，甚至10次以上。

历史与故事

大红袍生长在武夷山九龙窠高岩峭壁上，这里仅存的六株大红袍树种受到国家保护。目前市面上的大红袍为母树无性繁殖及拼配大红袍两种，无性繁殖的其质量与母树是一样的。

大红袍是武夷岩茶中的佼佼者，有"茶中状元"的美誉。传说明代有一上京赴考的举人路过武夷山时突然得病，巧遇一和尚取出所藏茶叶泡与他喝，病痛即止。他考中状元之后，前来致谢和尚，问及茶叶出处，并脱下大红袍绕茶丛三圈，然后将其披在茶树上，故此茶得"大红袍"之名。

品质特点

细节放大看

❶ 干茶：匀整壮实，条索紧结，色泽绿褐鲜润

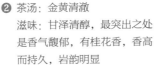

❷ 茶汤：金黄清澈
滋味：甘泽清醇，最突出之处是香气馥郁，有桂花香，香高而持久，岩韵明显

❸ 叶底：边红中绿

铁罗汉（青茶）

知名度：★★★★	最佳品茗季节：秋季
冲泡难易度：★★★	泡茶法：沸水冲泡（可参考192～199页青茶的泡法）

铁罗汉为千年古树，稀世之珍，产于闽北"秀甲东南"的名山武夷。目前仅存4株，由岩缝渗出的泉水滋润，不施肥料，生长茂盛，树龄已达千年。至今武夷山天心岩下永乐禅寺之西的九龙窠陡峭绝壁上，仍刻有朱德题的"铁罗汉"三字。市场所售均为无性繁殖的。

📋 历史与故事

相传武夷山慧苑寺有一僧人叫积慧，长得黝黑健壮、高大魁梧，像一尊罗汉，乡亲们都称他"铁罗汉"。他专长茶叶采制技艺，所采制的茶叶清香扑鼻、醇厚甘爽，啜入口中，神清目朗。

一天，他在蜂窠坑的岩壁隙间发现一棵茶树，树冠高大挺拔，芽叶毛茸茸又柔软如绵，散发出一股诱人的清香气。他采下嫩叶制成岩茶，请四邻乡亲一起品茶，大家皆赞不绝口。由于茶树是他发现的，茶是他制的，此茶就叫"铁罗汉"了。

🫖 专家教你鉴名茶

优质铁罗汉香气浓郁，滋味醇厚，有明显"岩韵"特征，饮后齿颊留香，经久不退，冲泡9次犹存桂花香真味。

品质特点

细节放大看

❶ 干茶：条索匀整，紧结、粗壮，叶色深绿有光泽，嫩芽略壮，显亮，深绿带紫

❷ 茶汤：橙红明亮，清澈艳丽
滋味：滋味醇厚，香气浓郁鲜锐，饮时甘馨可口，回味无穷

❸ 叶底：叶底软亮，叶缘朱红，叶心淡绿带黄

闽北水仙（青茶）

知名度：★★★★	最佳品茗季节：秋季
冲泡难易度：★★★	泡茶法：沸水冲泡（可参考192~199页青茶的泡法）

水仙茶是闽北青茶中两个著名花色品种之一，品质别具一格。"水仙茶质美而味厚""果奇香为诸茶冠"。水仙茶树品种适制青茶，但因产地不同，命名也有不同。闽北产区用南雅水仙，按闽北青茶采制技术制成，称闽北水仙。

📝 历史与故事

闽北水仙始产于百余年前闽北建阳县水吉乡大湖村一带，发源于福建建阳小湖乡大湖村的严义山祝仙洞，现主产区为建瓯、建阳两县。

相传清朝年间，有名福建人发现一座寺庙旁边的大茶树，因受到该寺庙土壁的压制而分出几条扭曲变形的树干，那人觉得树干绕曲有趣，便挖出来带回家种植，结果培育出清香的好茶。因茶树发现在祝仙洞边，当地"祝"和"水"同音，此茶便名为"水仙"，令人联想到早春开放的水仙花。

如今闽北水仙的产量已占闽北青茶的60%~70%，具有举足轻重的地位，并获得了越来越多的人青睐。

73

🫖 专家教你鉴名茶

优质水仙韵味极强，香气幽雅。一是有明显的甘、鲜感，二是有很强的滑爽感，最重要的是留味长久。品过一杯水仙茶，那种美好的茶香滋味会在齿颊间保留相当一段时间，挥散不去。

品质特点

细节放大看

❶ 干茶：匀整紧结，条索肥壮，色泽乌润墨绿色，叶背常现沙粒，叶基主脉宽扁明显，叶片肥嫩明净

❷ 茶汤：汤色浓艳，呈深橙黄色或金黄色，香气幽长似兰花
滋味：浓醇而厚，回味甘爽

❸ 叶底：叶绿微红，叶底软亮，朱砂红边明显

正山小种（红茶）

知名度：★★★★　　　最佳品茗季节：冬季

冲泡难易度：★★★　　泡茶法：沸水冲泡（可参考200页祁门红茶的泡法）

正山小种红茶用松针或松柴熏制而成，有着非常浓烈的香味。因为熏制的原因，茶叶呈黑色，但茶汤为深红色。正山小种冲水后加入牛奶，茶香不减，形成糖浆状奶茶，甘甜爽口，别具风味。

专家教你鉴名茶

高档正山小种的条索粗壮紧实，色泽乌润均匀有光，净度好不含梗片，干嗅有一股浓厚顺和的桂圆香。越低档的小种红茶，其条索也越趋松大，色泽渐失乌润至枯暗，梗片也渐多。

历史与故事

正山小种产于武夷山市星村镇桐木关一带，是世界红茶的鼻祖，后来在正山小种的基础上发展出了工夫红茶。

据资料记载，1662年葡萄牙公主凯瑟琳嫁给英皇查理二世时，将几箱中国"正山小种"红茶作为嫁妆，带入英国皇宫。皇后每天早晨起床后第一件事，就是要先泡一杯"正山小种"红茶，人们称其为"饮茶皇后"。正是她成为英国宫廷和贵族饮茶风气的开创者，从此喝红茶成了皇室和贵族们家庭生活的一部分。

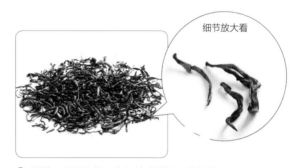

细节放大看

❶ 干茶：紧结匀整，色泽铁青带褐，较油润

品质
特点

❷ 茶汤：汤色红浓，香气高长带松烟香
滋味：醇厚甘爽，喉韵明显，带有桂圆汤味

❸ 叶底：肥厚红亮

政和工夫（红茶）

知名度：★★★	最佳品茗季节：冬季
冲泡难易度：★★★	泡茶法：沸水冲泡（可参考200页祁门红茶的泡法）

政和工夫为福建红茶中最具高山特色的条形茶。以政和县为主产区，境内山岭重叠，雨量充沛，茶园多开辟在缓坡处的森林旧地，土层肥沃，茶树生长繁茂。

📋 历史与故事

政和工夫茶历史悠久，早在宋徽宗政和五年（1115年），政和芽茶被选作贡茶，喜动龙颜，徽宗皇帝将政和年号赐作县名，政和县由此得名。

清光绪十五年（1889年），政和工夫成为闽红三大工夫茶之首。

一百多年来，政和工夫历久不衰，蜚声于国内外，畅销俄罗斯、东南亚、美欧等国家和地区，曾获巴拿马万国博览会金奖等多项奖。在19世纪中叶，产量达数万余担。在欧洲，喝红茶的人几乎没有不知"政和工夫"的。

🍵 专家教你鉴名茶

政和工夫选用政和大白茶和小叶种两个树种。以大白茶树鲜叶制成之大茶，以毫多味浓者为上品。以小叶种制成之小茶，香气高，似祁红。

品质特点

细节放大看

❶ 干茶：条索肥壮重实、匀齐，色泽乌黑油润，毫芽显露金黄色

❷ 茶汤：汤色红艳明亮，香气浓郁芬芳，隐约之间颇似紫罗兰香气
滋味：滋味醇厚，既宜清饮，又宜掺和砂糖、牛奶调饮

❸ 叶底：橙红柔软

坦洋工夫（红茶）

知名度：★★★　　　最佳品茗季节：冬季

冲泡难易度：★★★　　泡茶法：沸水冲泡（可参考200页祁门红茶的泡法）

坦洋工夫，是福安市坦洋村特产。当地以坦洋村为中心，围绕四周开发了一条以"茶"为中心的旅游路线"坦洋茶谷"，有真武廊桥、横楼、坦洋古民居、坦洋茶场等，涵盖了历史文化及古建筑展示，颇值得爱茶之人踏春寻茶。

历史与故事

坦洋工夫红茶是福建省三大工夫红茶之一，曾以产地分布最广，产量、出口量最多而名列"闽红"之首。

相传坦洋工夫红茶于1851年由福安市坦洋村人试制成功，备受西方市场的青睐，迄今已有一百多年。

19世纪，红茶在英国流行，"坦洋工夫"以其高贵品质征服英伦三岛，成为英国皇室的专用茶叶。进入21世纪，坦洋工夫更是喜讯频传，接连获得"福建十大名茶""申奥茶"等荣誉。

专家教你鉴名茶

坦洋工夫明前茶，采取的是春茶中的嫩芽，揉捻成精致的外形。好的坦洋工夫明前茶，其条索圆紧匀秀，芽毫金黄；色泽乌黑油润，有光泽；汤色红艳、清澈、明亮；滋味清鲜、甜和、爽口；香气醇厚，有桂花香；叶底红亮匀整。

品质特点

细节放大看

❶ 干茶：肥嫩紧细、毫显、多锋苗，乌黑油润

❷ 茶汤：汤色红明，香气高爽　滋味：甜香浓郁

❸ 叶底：柔软红亮

白毫银针（白茶）

知名度：★★★★	最佳品茗季节：夏季
冲泡难易度：★★★	泡茶法：沸水冲泡（详见210页）

白毫银针冲泡后，条条挺立，如陈枪列戟；微吹饮啜，升降浮游，观赏品饮，别有情趣，令人赏心悦目。茶在杯中冲泡，即出现白云疑光闪，满盏浮花乳，芽芽挺立，蔚为奇观。喝到妙处，便觉两腋习习清风起，有一种"欲乘此风归去"的畅快。

📑 历史与故事

白毫银针，简称银针，又称白毫，素有茶中"美女""茶王"之美称。

白毫银针是白茶中的珍品，是历史名茶。过去因为只能用春天茶树新生的嫩芽来制造，产量很少，所以相当珍贵。

清嘉庆初年（1796年），福建人用菜茶的壮芽为原料，创制白毫银针，畅销欧美，每担价值银圆320元。当时银针产区家家户户制银针，民间还流行着"女儿不慕富豪家，只问茶叶和银针"的说法。

🫖 专家教你鉴名茶

白毫银针因产地和茶树品种不同，分北路银针和南路银针两个品种，滋味也略有不同：北路银针产于福建福鼎，茶树品种为福鼎大白茶，滋味清鲜爽口，回味甘凉；南路银针产于福建政和，茶树品种为政和大白茶，汤味醇厚，香气清芬，其光泽不如北路银针。

品质特点

细节放大看

❶ 干茶：芽头肥壮，满披白毫，挺直如针，色白如银

❷ 茶汤：汤色杏黄，香气清新
滋味：滋味醇厚，回味甘甜

❸ 叶底：嫩匀色绿黄

白牡丹（白茶）

知名度：★★★　　　　最佳品茗季节：夏季

冲泡难易度：★★★★　　泡茶法：沸水冲泡（可参考210页白毫银针的泡法）

白牡丹冲泡后，碧绿的叶子衬托着嫩嫩的叶芽，形状优美，好似牡丹蓓蕾初放，绚丽秀美、恬淡高雅，故此得名。

历史与故事

白牡丹在1922年以前创制于建阳水吉，1922年以后，政和县开始产制白牡丹，成为白牡丹主产区。20世纪60年代初，松溪县曾一度盛产白牡丹。如今，白牡丹产区分布在政和、建阳、松溪、福鼎等县市。其原料采自政和大白茶、福鼎大白茶及水仙等优良茶树品种，选取毫芽肥壮，洁白的春茶加工而成。

专家教你鉴名茶

白牡丹的制作工艺关键在于萎凋，要根据气候灵活掌握，以春秋晴天或夏季不闷热的晴朗天气，采取室内自然萎凋或复式萎凋为佳。精制工艺是在拣除梗、片、腊叶、经张、暗张后进行低温烘焙或晒干，保持茶毫显现，汤味鲜爽。

上佳的白牡丹茶叶是两片叶子，中间有一叶芽，叶子隆起呈波纹状，叶子肥嫩，边缘后垂微卷，叶子背面布满白色茸毛。冲泡后，碧绿的叶子衬托着嫩嫩的叶芽，形状优美，好似牡丹蓓蕾初放。

品质特点

细节放大看

❶ 干茶：两叶抱一芽，叶态自然，色泽深灰绿或暗青苔色，叶张肥嫩，呈波纹隆起，叶背遍布洁白茸毛，叶缘向叶背微卷，芽叶连枝

❷ 茶汤：汤色杏黄或橙黄
滋味：醇厚清甜

❸ 叶底：浅灰，叶脉微红

寿眉（白茶）

知名度：★★★★　　　最佳品茗季节：夏季

冲泡难易度：★★★★　泡茶法：沸水冲泡（可参考210页白毫银针的泡法）

寿眉，有时也被称为贡眉，以菜茶茶树的芽叶制成。这种用菜茶芽叶制成的毛茶称为"小白"，以区别于福鼎大白茶、政和大白茶茶树芽叶制成的"大白"毛茶。

📋 历史与故事

以前，菜茶的茶芽曾经被用来制造白毫银针等品种，但后来则改用"大白"来制作白毫银针和白牡丹，而小白就用来制造寿眉了。

1984年，在全国名茶品质鉴评会上，建阳市漳墩镇所产白茶被评为中国名茶。此后，漳墩镇政府注册了"贡眉"商标，供当地几家茶厂使用，也有政和县几家茶厂合营用"贡眉"商标销售白茶，"贡眉"便由此叫开。目前主产于福建省南平市的松溪县、建阳市、建瓯市、浦城县等地，其中大部分为寿眉，产量占白茶总产量的一半以上。

79

🫖 专家教你鉴名茶

优质寿眉毫心显而多，色泽翠绿显毫，汤色橙黄或深黄，叶底匀整、柔软、鲜亮，叶张主脉迎光透视呈红色，味醇爽，香鲜纯。

品质特点

细节放大看

❶ 干茶：毫心显而多，色泽翠绿

❷ 茶汤：橙黄或深黄
滋味：醇爽，香鲜纯

❸ 叶底：匀整、柔软、鲜亮，叶张主脉迎光透视呈红色

台湾

台湾早有野生茶，即所谓的"山茶"，目前仍可在台湾中南部山区发现这种野生茶树。但台湾目前所栽种的茶树品种，是距今两百多年前由福建移民所带来的，台湾早期的制茶技术亦是由福建师傅所传授。目前台湾所产制的青茶、包种茶等茶类，其产制技术皆来自福建省。

生态环境

台湾中部及北部属亚热带季风气候，南部属热带季风气候。整体气候夏季长且潮湿，冬季较短且温暖。台湾降水丰沛，平均年降雨量超过2500毫米。

台湾因其所在的纬度和地形造就出许多不同种类的茶种，从北至南因不同的山系高度，产茶地区不胜枚举，每个产区的茶叶都有其不同的特色。

茶旅文化

坐落于台湾新北市的坪林茶业博物馆是世界上第二座茶业博物馆。主要馆藏有茶事、茶史、茶艺等，涵盖不同茶叶及茶树品种、台湾茶园的分布、唐宋制茶器具、各代制茶法、现代制茶过程等知识。

顺应健康饮食的风潮，茶叶也以各种不同的形式出现在台湾的市面上。不只茶饮料有相当不错的销售量，各种点心、面包、蛋糕等也纷纷将茶叶融入其中，创造出新的口味。

近代在台湾社会流行的泡沫红茶是台湾茶文化中一个新的发展，其中最为人熟知的珍珠奶茶，已成为台湾的代表性食物之一。

名茶产地	南投县鹿谷乡冻顶山	◉ 产地特征

南投县鹿谷乡冻顶山

冻顶乌龙被誉为台湾茶中之圣，其产地位于台湾南投县鹿谷乡冻顶山，这里属于台湾的中南部茶区。

◉ 产地特征

冻顶山是凤凰山的支脉，据说此处山脉迷雾多雨，山陡路险，崎岖难走，上山去的人都要绷紧足趾（台湾俗语称为"冻脚尖"）才能上山，所以此山被称为"冻顶山"。冻顶山海拔743米，经年云雾弥漫，年平均气温20℃左右，土壤富含有机质，极适合茶树生长，所产茶叶享誉中外。

冻顶乌龙（青茶）

知名度：★★★★   最佳品茗季节：秋季

冲泡难易度：★★★   泡茶法：沸水冲泡（详见197页）

冻顶乌龙冲泡后茶汤呈琥珀色，带熟果香或浓花香，味醇厚甘润，喉韵回甘十足，带明显焙火韵味，清香中包裹着一种极为舒心的味道。每品，各有独特的韵味。喝到妙处，常常令人有"狂歌一曲惊人耳"的冲动。

📋 历史与故事

冻顶乌龙属于部分发酵茶，品质优异，销量在台湾茶市场上居于领先地位。

相传，冻顶乌龙是一百多年前从福建武夷山移植过去的。传说当时台湾有个叫林凤池的秀才要到福建赶考。因生活拮据，乡里人便解囊相助。后来，林凤池中了举人，衣锦还乡时，从武夷山上带了36株茶苗馈赠给乡亲，栽种在冻顶山上。经过乡亲们的精心培育和养护，建成了一片茶园，这样福建的优良茶种就在台湾扎下了根。

🍵 专家教你鉴名茶

上品冻顶乌龙，色泽墨绿鲜艳，条索紧结整齐，有强劲的芳香。冲泡后有明显清香，回甘醇厚。叶底边缘有红边，叶中部分呈淡绿色（发酵适当）。

次级品色泽发黄或呈黑褐色，形状粗松或稍弯而不卷曲，香气低。冲泡后汤味缺乏甘醇且带苦涩，回甘弱。叶底边缘无红色，叶有断碎，或呈暗褐色。

品质特点

细节放大看

❶ 干茶：外形呈半球状，条索紧结整齐，色泽墨绿

❷ 茶汤：金黄且澄清明澈，有明显清香，近似桂花香
滋味：茶汤入口生津，富活性，落喉甘润，韵味强

❸ 叶底：绿叶红镶边

白毫乌龙（青茶）

知名度：★★★　　　最佳品茗季节：秋季

冲泡难易度：★★★　　泡茶法：沸水冲泡（可参考192～199页青茶的泡法）

白毫乌龙产于台湾省新竹、苗栗县，又称膨风茶、香槟乌龙，以具有多量白毫芽尖者为极品，有"最高级青茶"之称。

专家教你鉴名茶

典型的白毫乌龙，香气带有明显的天然熟果香；滋味具蜂蜜般的甘甜；外观艳丽多彩，具明显的红、白、黄、褐、绿五色相间，带显著白毫者愈佳，形状自然卷缩宛如花朵；泡出来的茶汤呈鲜艳的琥珀色。

品质特点

历史与故事

由于白毫乌龙是采被小绿叶蝉咬过的夏季芽叶制成，含丰富的氨基酸，所以茶汤滋味甘甜润口。又由于采重发酵处理，儿茶素一半以上几乎被氧化，所以不苦不涩。高质量的白毫乌龙具显著的天然熟果香和蜂蜜般的滋味，入口后立即感觉一股清甜芳香的气息萦绕两颊。

白毫乌龙冷热饮皆宜。待茶汤稍冷时，滴入一点白兰地等浓厚的好酒，可使茶味更加浓醇，因此被誉为"香槟乌龙"。百余年前，白毫乌龙传至英国皇室时，维多利亚女王感受其茶味与茶叶舒展开后形貌的雅丽，赞其为"东方美人茶"。

细节放大看

❶ 干茶：茶芽肥大，有明显的白毫；红、白、黄、绿、褐五色相间，色泽鲜艳

❷ 茶汤：呈琥珀色，带有成熟的果香与蜂蜜香
滋味：软甜甘润，少有涩味

❸ 叶底：红亮透明

文山包种（青茶）

知名度：★★★★	最佳品茗季节：夏季
冲泡难易度：★★★	泡茶法：沸水冲泡（可参考192～199页青茶的泡法）

"文山茶香起，文章斗星罗"，文山包种和冻顶乌龙一样，都是台湾的特产，享有"北文山、南冻顶"之美誉。

🍵 专家教你鉴名茶

判断文山包种茶的好坏可依香气、滋味、外观、茶色四项判断。

香气优雅清香，飘而不腻，入口穿鼻者为上乘；滋味入口生津、落喉润滑；外观条索整齐，叶尖卷曲自然，呈墨绿色，带青蛙皮的灰白点；茶色蜜绿鲜艳，不浑浊，呈琥珀色的为上品。符合上述条件者，才是上等的文山包种茶。

品质特点

📑 历史与故事

文山包种茶历史悠久，清光绪初年向宫廷进贡，将四两茶叶用两张方形毛边纸内外相衬包成四方包，以防茶香外溢，光绪帝赐名"包种"。以台北文山地区所产的品质最优，故称"文山包种"。

文山包种茶贵在开汤后香气特别浓郁，入口滋味甘润、清香，齿颊留香久久不散，具有香、浓、醇、韵、美的特色。素有"露凝香""雾凝春"的美誉，被誉为茶中珍品。如果您想要那种飞扬奔放、激越愉快的感觉，那就喝文山包种茶看看。

细节放大看

❶ 干茶：条索紧结，叶尖自然弯曲；色泽深绿，呈蛙皮色

❷ 茶汤：汤色碧绿鲜艳带金黄，香气清香幽雅似花香
滋味：甘醇滑润带活性

❸ 叶底：青绿微红边

江南茶区
我国茶叶的主要产区

风光秀丽的江南物产极为丰富，这里的名山大川孕育出悠久灿烂的茶文化。江南茶区为我国茶叶的主要产区，年产量大约占全国总产量的2/3。茶园主要分布在丘陵地带，少数在海拔较高的山区。

地理位置：	位于长江中、下游南部
包含省份及地区：	包括浙江、湖南、江西等省和皖南、苏南、鄂南等
茶树品种：	种植的茶树基本为灌木型中叶种和小叶种，还有很少一部分的小乔木型中叶种和大叶种，适宜制作绿茶、花茶和红茶等
产茶种类：	主产绿茶、红茶、黑茶、花茶以及品质各异的特种名茶，诸如西湖龙井、黄山毛峰、洞庭碧螺春、君山银针、庐山云雾等

茶区寻名茶

	名茶	分类	产区	特征
苏南	天目湖白茶	绿茶	溧阳市	形如凤羽、色如玉霜，茶汤鹅黄明亮，滋味鲜爽甘醇、独具甘草味，叶底张开、叶肉玉白、叶脉翠绿
	其他名茶：碧螺春（见87页）、南京雨花茶、太湖翠竹等			
浙江	大佛龙井	绿茶	新昌县	外形扁平光滑、尖削挺直，色泽绿翠匀润，香气嫩香持久、略带兰花香，滋味鲜爽甘醇，汤色黄绿明亮
	其他名茶：西湖龙井、径山茶、顾渚紫笋、安吉白茶、九曲红梅（见89~93页）等			
湖南	古丈毛尖	绿茶	古丈县	成茶条索紧细，锋苗挺秀，色泽翠润，白毫满披；清香馥郁，滋味醇爽；汤色黄绿明亮，叶底绿嫩匀整
	其他名茶：君山银针、安化松针、茯茶（见95~97页）等			
江西	上饶白眉	绿茶	上饶县	外形壮实，条索匀直，白毫特多，色泽绿润，香气清高；滋味鲜浓，叶底嫩绿
	其他名茶：庐山云雾、婺源茗眉（见107~108页）、宁红金毫、靖安白茶、狗牯脑等			
皖南	屯溪绿茶	绿茶	休宁等四县	条索紧密，匀正壮实，色泽绿润，冲泡后汤色绿明，香气清高，滋味浓厚醇和
	其他名茶：黄山毛峰、太平猴魁、老竹大方、祁门红茶（见100~103页）等			
鄂南	宜红工夫	红茶	宜昌、恩施	外形紧细有金毫，色泽乌润，香甜回甘，味道醇厚，汤色红艳明亮，茶汤冷却后有"冷后浑"现象
	其他名茶：恩施玉露（见105页）、采花毛尖等			

说明：标红名茶后文皆有详细介绍。

苏南

苏南是江苏省南部地区的简称，地处中国东南沿海长江三角洲中心，包括南京、苏州、无锡、常州、镇江，是江苏经济最发达的区域，也是中国经济最发达、现代化程度最高的区域之一，自古以来就是名闻天下的"鱼米之乡""人间天堂"。

生态环境

苏南地区位于亚洲大陆东岸中纬度地带，属亚热带湿润季风气候。年降水量在1000毫米以上，与同纬度地区相比，苏南地区雨水充沛，年际变化小。这里雨热同季、降水集中、光热充沛，适宜茶树的生长。

茶旅文化

苏南地区在唐代时属于浙西茶区，现代属于江南茶区。南京产雨花茶、江宁翠螺，苏州产碧螺春，无锡产无锡毫茶、二泉银毫，常州产前峰雪莲、南山寿眉，镇江产金山翠芽，都是颇受欢迎的名茶。

苏南地区茶文化发展悠久，文人雅士把茶与儒释道文化相融合，其中禅茶文化底蕴浓厚，苏州的水月寺茶、南京的栖霞寺茶、苏州的虎丘寺茶，成为茶文化中心和佛教文化圣地。

苏南城市群中的茶馆则将民间茶文化很好地发挥出来，如苏州的山塘街和平江路。江南水乡的特色建筑，古色古香的茶馆，茶馆中有专人唱昆曲或评弹，听一曲评弹，品一壶碧螺春，赏眼前水乡美景，将茶文化的审美境界融入生活中去，真正能去浮躁而净心灵。

名茶
产地 | **太湖洞庭山**

"洞庭无处不飞翠，碧螺春香万里醉。"烟波浩渺的太湖包孕吴越，太湖洞庭山所产的碧螺春集吴越山水的灵气和精华于一身，是中国历史上的贡茶。

产地特征

洞庭山位于江苏省苏州市西南、太湖东南部，是中国十大名茶之一碧螺春的原产地。

洞庭山属北亚热带湿润性季风气候带，受太湖及复杂地形影响，温暖湿润，四季分明。年平均气温16℃，平均日照2190小时，无霜期244天。年均降水量1100毫升，相对湿度79%。

洞庭山的土壤为黄棕壤，土壤中的有机质、磷含量较高，pH4～6，适合茶树生长。

茶果间作是碧螺春茶园最具特色的栽培方式，以茶树为主，在茶园中嵌种果树，如枇杷、杨梅、板栗、桃树、橘树等，用以蔽覆霜雪，掩映秋阳。茶树、果树枝丫相连，根脉相通，茶吸果香，花窨茶味，陶冶着洞庭山碧螺春花香果味的天然品质。

产茶历史

碧螺春茶已有一千多年的历史了，当地民间最早叫洞庭茶，又叫吓煞人香。相传有一尼姑上山游春，顺手摘了几片茶叶，泡茶后奇香扑鼻，脱口而道"香得吓煞人"，由此当地人便将此茶叫"吓煞人香"。

"碧螺春"这个名称，相传是由后来的康熙皇帝亲赐，也有在明代时就已有碧螺春茶名的传说。此茶历史悠久，在清代康熙年间就已成为年年进贡的贡茶。

碧螺春（绿茶）

知名度：★★★★★   最佳品茗季节：夏季

冲泡难易度：★★★   泡茶法：上投法（参见161页"绿茶的几种泡法"）

当碧螺春投入杯中，茶即沉底，瞬时间"白云翻滚，雪花飞舞"，清香袭人。茶在杯中，观其形，可欣赏到犹如雪浪喷珠，春染杯底，绿满晶宫的三种奇观。真是其贵如珍，宛如高级工艺品，不可多得。

📄 历史与故事

西湖龙井之后当属碧螺春，以苏州太湖洞庭山出产的为最佳。

碧螺春的名字还要归功于康熙皇帝。原来，碧螺春本被称作"吓煞人香"。康熙皇帝南巡洞庭时，品尝此茶，爱不释手，便问此茶何名。听说茶名后，康熙觉得茶名不雅，就根据茶出自碧螺峰，又呈螺旋形，采于早春，于是赐名"碧螺春"。从此碧螺春闻名于世，成为清宫的贡茶了。

🫖 专家教你鉴名茶

碧螺春品质分7级，上品碧螺春满披白毫，芽叶随1～7级逐渐增大，茸毛则逐渐减少。炒制时，级别低锅温低，投叶量多，做形时用力较重。

品质特点

细节放大看

❶ 干茶：卷曲成螺。采摘时间越早，叶底白毫越多，越稚嫩。碧螺春干茶都多多少少有些火香气，如果有类似银针一类的气味就不是太湖产的了

❷ 茶汤：嫩绿清澈，香气清香淡雅，茶香中带有果香
滋味：滋味鲜醇甘厚、回味绵长

❸ 叶底：嫩绿柔匀

浙江

浙江素有"鱼米之乡""丝茶之府"的美称，名茶历史源远流长。早在公元前5世纪，浙江就设有专业贡茶的御茶园。后经历代发展，涌现出以"西湖龙井"为代表的一批享誉天下的产业名品。

生态环境

浙江省位于我国东南沿海，属于亚热带季风气候，一年四季分明，降雨量充沛。同时土壤肥沃，有机物含量高，十分适宜茶树生长。

茶旅文化

浙江茶文化底蕴深厚，茶产业发达，茶风光优美，与茶相关的旅行线路很多。有的以西湖龙井、径山茶、安顶云雾等为线索，串联西湖、余杭、富阳等地，沿途可观宋代茶宴、访中国茶博馆、走安顶古道、拜千年树王等。有的以安吉白茶、紫笋茶、莫干黄芽等为线索，串联安吉、长兴、德清等地，可参观大唐贡茶院、茶圣陆羽著经之地等。还有其他精彩的茶旅线路，供爱茶者探寻、体验。

名茶产地	杭州西湖

西湖龙井产于浙江省杭州市西湖龙井村周围的狮峰、翁家山、虎跑、梅家坞、云栖、灵隐一带的群山之中，并因此得名，距今有一千两百多年历史了。

 产地特征

西湖山区的气候温和，雨量充沛，光照漫射。土壤微酸，土层深厚，排水性好。林木茂盛，溪润常流。年平均气温16℃，年降水量在1500毫米左右，优越的自然条件，有利于茶树的生长发育，茶芽不停萌发，采摘时间长，全年可采30批左右，几乎是茶叶中采摘次数最多的。

西湖龙井（绿茶）

知名度：★★★★★　　　最佳品茗季节：夏季

冲泡难易度：★★★　　　泡茶法：下投法（参见161页"绿茶的几种泡法"）

冲泡后的西湖龙井，芽叶绽放如朵，杯中交错互映、沉浮其间，栩栩如生，真可谓一片锦绣。这样的茶入口品饮，更是沁人心脾，齿间流芳，回味无穷，飘飘然有如苏东坡诗云"两腋清风起，我欲上蓬莱"。

📋 历史与故事

乾隆皇帝六次下江南，四次来到龙井茶区观看茶叶采制，品茶赋诗，胡公庙前的十八棵茶树还被封为"御茶"。从此，龙井茶驰名中外，问茶者络绎不绝。

西湖龙井以"色绿、香郁、味醇、形美"四绝名扬天下，居中国名茶之冠，更是2010年上海"世博十大名茶"之一。龙井既是地名，又是泉名和茶名。集名山、名寺、名湖、名泉和名茶于一体，泡一杯龙井茶，喝出的却是世所罕见的独特而骄人的龙井茶文化。

🫖 专家教你鉴名茶

龙井茶以采摘细嫩而著称，只采一个嫩芽的称"莲心"；采一芽一叶，叶似旗，芽似枪，称"旗枪"；采一芽二叶初展，叶形卷如雀舌，称"雀舌"。鲜叶的嫩匀度，便是龙井茶品质的基础。现在浙江省用龙井茶制茶技术生产的高档扁形炒青绿茶均称龙井茶。后来，根据生产的发展和品质风格的实际差异性，分为"狮峰龙井""梅坞龙井""西湖龙井"三个品类，其中以"狮峰龙井"品质最佳。

品质特点

细节放大看

① 干茶：扁平挺直，色泽绿中显黄，手感光滑，一芽一叶或二叶，芽长于叶，一般长3厘米以下，芽叶均匀成朵，不带夹蒂、碎片。

② 茶汤：黄绿明亮，其香气清新醇厚，无浓烈之感
滋味：滋味鲜香爽口，香气浓郁

③ 叶底：黄绿，匀齐成朵，芽芽直立

径山茶（绿茶）

知名度：★★★	最佳品茗季节：夏季
冲泡难易度：★★★	泡茶法：上投法（参见161页"绿茶的几种泡法"）

径山茶在冲泡时可以先放水，后放茶，茶叶会像天女散花般沉落杯底，这是径山茶一个独特而神奇的特征。

专家教你鉴名茶

径山茶系烘青绿茶类，采制技术考究，嫩采早摘是径山采摘的特点。径山茶以谷雨前采制品质为佳，通常1千克"特一"径山茶需采6.2万个左右的芽叶。

历史与故事

径山茶产于浙江省杭州市余杭区西北境内之天目山东北峰的径山，因产地而得名，属绿茶类名茶。径山茶历史悠久，在唐宋时期已十分有名。南宋时，日本僧人南浦昭明禅师在径山寺研究佛学，归国时带走径山茶籽和饮茶器皿，并把"抹茶"法及茶宴礼仪传入日本。可以说，径山茶是当今日本许多茶叶的祖先，更是日本茶道文化的起源。径山茶又名径山毛峰茶，简称径山茶。

细节放大看

❶ 干茶：细嫩显毫，色泽翠绿，嫩香持久

品质特点

❷ 茶汤：嫩绿明亮，有独特的板栗香且香气清香持久
滋味：甘醇爽口

❸ 叶底：嫩绿明亮，细嫩成朵，茶叶会像天女散花般沉落杯底

顾渚紫笋（绿茶）

知名度：★★★	最佳品茗季节：夏季
冲泡难易度：★★★	泡茶法：中投法（参见161页"绿茶的几种泡法"）

顾渚紫笋有"青翠芳馨，嗅之醉人，啜之赏心"之誉。冲泡时，选用顾渚当地优质紫砂壶，茶汤色泽碧绿，回味甘甜，隐有兰花之香，有一种沁人心脾的优雅。

历史与故事

顾渚紫笋产于浙江省湖州市长兴县的顾渚山一带。顾渚山东临太湖，三面山峦连绵，云雾弥漫，气候温和。这种得天独厚的环境为紫笋茶创造了理想的生长条件。

《茶经》记载："阳崖阴林，紫者上，绿者次；笋者上，芽者次。"因其鲜茶芽叶微紫，嫩叶背卷似笋壳，故名顾渚紫笋。早在唐代，顾渚紫笋便被茶圣陆羽论为"茶中第一"，并建议当地官员推荐给皇上，从此成为贡品。

专家教你鉴名茶

极品紫笋茶芽叶相抱似笋；上等茶芽挺嫩叶稍长，形似兰花。成品色泽翠绿，银毫明显。

品质特点

细节放大看

❶ 干茶：芽叶细嫩，相抱似笋，色泽翠绿带有毫毛

❷ 茶汤：清澈明亮
滋味：香蕴兰蕙之清，味甘醇而鲜爽

❸ 叶底：细嫩成朵

安吉白茶（绿茶）

知名度：★★★	最佳品茗季节：夏季
冲泡难易度：★★★	泡茶法：中投法（参见161页"绿茶的几种泡法"）

安吉白茶与别的绿茶相比，显著特点就是氨基酸含量高，营养丰富。因此，安吉白茶不仅喝起来口感好，而且还有利于身体健康。最近，安吉白茶在女士中流行起来，还赢得了"美容茶"的雅号。

历史与故事

安吉白茶是浙江省湖州市安吉县特产，属烘青绿茶，是白化茶叶按照绿茶的工艺制作而成，为白叶芽的绿茶。白茶树为茶树变异，极其罕见，且白化只有在清明前后至夏至，周期很短。安吉白茶失传多年，直到1980年，一丛树龄百年的珍稀茶树被发现，经研究开发无性繁殖成功，才使安吉白茶从厚重的史书中走出来，重现极品名茶的风采。

专家教你鉴名茶

白茶和绿茶最大区别是加工工艺的大相径庭，白茶属微发酵茶，而绿茶是不发酵茶。安吉白茶称其为"白茶"，是因其茶树特殊，变异后叶面呈乳白色而得名，若严格称之，应为白叶茶，其加工工艺和风味仍和绿茶一般无二。

品质特点

细节放大看

❶ 干茶：条索紧细，形似凤羽，叶张玉白，叶脉翠绿，叶片莹薄

❷ 茶汤：汤色鹅黄，清澈明亮
滋味：滋味鲜爽，回味甘甜

❸ 叶底：细嫩成朵，叶白脉翠

九曲红梅（红茶）

知名度：★★★　　　最佳品茗季节：冬季

冲泡难易度：★★★　　泡茶法：沸水冲泡（可参考200页祁门红茶的泡法）

九曲红梅茶简称"九曲红"，源于福建武夷山的九曲溪，因其色红香清如红梅，故称九曲红梅，滋味鲜爽、暖胃。

📑 **历史与故事**

当年福建武夷农民避战乱至浙北，在杭州周浦大坞山种下一片"九曲红梅"，所炒制的茶为一等一的妙品，身价不菲。时人把九曲红梅与狮峰龙井并誉为"一红一绿"，一些大茶庄也都以出售九曲红梅茶为荣，至今已有近两百年历史。

🫖 **专家教你鉴名茶**

九曲红梅采摘是否适期，关系到茶叶的品质，以谷雨前后为优，清明前后开园，品质反居其下。品质以周浦大坞山所产居上，以"细、黑、匀、曲"见长，堪称一绝；上堡、大岭、冯家、张余一带所产称"湖埠货"，居中；社井、上阳、下阳、仁桥一带的称"三桥货"，居下。

品质特点

细节放大看

❶ 干茶：细紧秀丽，外形条索细若发丝，弯曲细紧如银钩，色泽乌润多白毫

❷ 茶汤：汤色鲜亮，红艳明亮
滋味：滋味浓郁，香气芬馥

❸ 叶底：红明嫩软

据史册《汉志》记载以及长沙马王堆汉墓出土的文物表明，湖南的产茶史可追溯到两千多年前的西汉初期，是我国人工栽培茶树最早的省份之一。

生态环境

湖南属亚热带气候，无霜期长，年平均气温在16.7～17.9℃，南北温差极小，降雨量丰富，适宜茶树生长，是中国重点产茶省之一，产茶量居全国第二位，素有"茶乡"之称。

茶旅文化

湖南桃源、安化、桃江一带喜饮"擂茶"。相传公元前280年，秦将司马措攻楚，屯兵于沅水之南，发现当地流传着一种"苦羹"，这种苦羹即"擂茶"的前身。而岳阳、益阳等地，乡间还流行姜盐豆子茶、芝麻豆子茶、椒子茶等，尽显古时"吃茶"遗风。

| 名茶产地 | **岳阳市君山区洞庭湖中岛屿**
君山银针品质独特，与君山岛上的气候、土质、植被密不可分。 |

 产地特征

君山又名洞庭山，为湖南岳阳市君山区洞庭湖中岛屿。岛上土壤肥沃，多为砂质土壤，年平均温度16～17℃，年降雨量为1340毫米左右，相对湿度较大，三月至九月间的相对湿度约为80%，气候非常湿润。春夏季湖水蒸发，云雾弥漫，岛上树木丛生，自然环境适宜茶树生长，山地遍布茶园。

君山银针（黄茶）

知名度：★★★★	最佳品茗季节：夏季
冲泡难易度：★★★	泡茶法：中投法（详见208页）

君山银针冲泡后，芽尖冲向水面，悬空竖立，继而徐徐下沉，三起三落，形如群笋出土，又像银刀直立，浑然一体，极是美妙。

📑 历史与故事

君山茶历史悠久，唐代就已生产、出名。文成公主出嫁西藏时就曾选带了君山茶。后梁时已被列为贡茶，以后历代相袭。

清代，君山茶分为"尖茶""茸茶"两种。"尖茶"如茶剑，白毛茸然，纳为贡茶，素称"贡尖"。

🫖 专家教你鉴名茶

好的君山银针茶，冲泡时会出现"三起三落"的奇观。

当君山银针投入水中，由于茶芽吸水膨胀和重量增加不同步，芽头比重瞬间变化。最外一层芽肉吸水，比重增大即下降，随后芽头体积膨大，比重变小则上升，继续吸水又下降，于是便有了三起三落的奇观。

品质特点

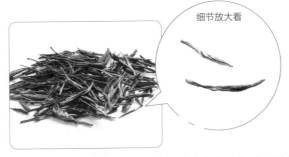

细节放大看

❶ 干茶：芽壮挺直，全由芽头制成，茶身满布毫毛，色泽鲜亮

❷ 茶汤：杏黄明亮，香气清高
滋味：味醇甘爽，清香浓郁

❸ 叶底：黄亮匀齐

安化松针（绿茶）

知名度：★★★	最佳品茗季节：夏季
冲泡难易度：★★★	泡茶法：下投法（参见161页"绿茶的几种泡法"）

安化松针产于湖南省安化县，因其外形挺直、细秀、翠绿，状似松树针叶而得名。安化松针是中国特种绿茶中针形绿茶的代表。

📋 历史与故事

安化古称梅山，产茶历史悠久，素有"茶乡"之称。据文献记载，安化境内的芙蓉山、云台山，自宋代开始，茶树已经是"山崖水畔，不种自生"了。

安化松针在明代和清代先后被列为官茶和贡茶。新中国成立以后，安化松针更是以其独具的特色，跻身于全国名优茶行列，声名大振，饮誉海外，屡获殊荣。

🫖 专家教你鉴名茶

安化松针对鲜茶叶原料的要求是非常高的，采摘极为讲究，采用清明前一芽一叶初展的幼嫩芽叶，并且要保证没有虫伤叶、紫色叶、雨水叶、露水叶。另外，为了保证成品茶的齐整，也不能有节间过长及特别粗壮的芽叶。符合下面品质特点的就是优质的安化松针。

品质特点

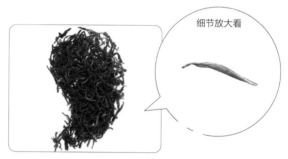

细节放大看

❶ 干茶：挺直秀丽，翠绿匀整，白毫显露，其形状宛如松针

❷ 茶汤：汤澄碧绿
滋味：甜醇，香气浓厚

❸ 叶底：匀嫩

茯茶（湖南黑茶）

知名度：★★★	最佳品茗季节：冬季
冲泡难易度：★★★	泡茶法：沸水冲泡（可参考184～191页黑茶的泡法）

陈放多年的茯茶，滋味甜醇，入口即化。所谓"化"境，即是茶汤入口后，无须吞咽，很自然地顺喉而下。丝丝的甜味沁入喉嗓，沁人心脾，更有一种特殊的菌花香。

📄 历史与故事

茯茶为砖块形蒸压黑茶。《明史》记载，早在明嘉靖三年（1524年），茯茶就规定为运往西北的官茶，成为我国西北地区少数民族的生活必需品。明代以来，茯茶成为茶马交易的主流茶，被誉为"古丝绸之路上的神秘之茶""西北少数民族的生命之茶"。

🫖 专家教你鉴名茶

茯茶最与众不同的就在于其中具有的"金花"成分。"金花"是茯茶内一种独特的金黄色颗粒，即"冠突散囊菌"，是一种对人体十分有益的益生菌体。

细节放大看

❶ 干茶：为砖形，色泽黑润；砖内金花茂盛

品质特点

❷ 茶汤：红艳明亮
滋味：醇厚，清纯不粗

❸ 叶底：猪肝色

皖南

皖南物产丰饶，是中国十大竹乡之一、中国四大米市之一、中国名茶之乡、中国四大名菊产地之一。中国十大名茶中有五种产自皖南，包括黄山毛峰、祁门红茶、泾县的涌溪火青、太平猴魁、休宁的屯溪绿茶。

生态环境

皖南属亚热带季风气候，雨量充沛，年降水量达1100~2500毫米，年平均气温为15.5~16℃，无霜期长达230~250天。皖南山地日照较少，尤其是中山地区，年平均日照时数小于2000小时，宜于茶树的生长。

茶旅文化

皖南，位于安徽省南部，包括铜陵、芜湖、马鞍山等市的部分地区和池州、宣城、黄山全域。皖南山区是安徽省重要的茶叶生产基地和全国著名的茶区，同时自然风光优美、文物古迹遍布，在这里，你可以采春茶、挖春笋，欣赏迷人的风景，还能品尝毛豆腐、臭鳜鱼等特色美食。

皖南地区文风昌盛，讲究以茶怡情、以茶待客。朋友相聚，围桌把盏，品茗助兴，一杯清茶，几片绿叶，幽香缕缕，其乐融融。茶文化由此发端，与茶相关联的有茶诗、茶楹联、茶散文、茶著作、采茶舞、请茶歌等，丰富着人们的日常生活。

名茶 产地	黄山

黄山为三山五岳中三山之一，有"天下第一奇山"之美称。黄山为茶叶之乡，出品黄山毛峰、祁门红茶、太平猴魁等，享誉海内外。

◎ 产地特征

俗话说：高山云雾出好茶。南方名山，多有名茶，安徽之山尤甚。黄山毛峰产于安徽省黄山，主要分布在桃花峰、云谷寺、松谷庵、钓桥庵、慈光阁周围。这里山高林密，日照短，云雾多，自然条件十分优越，茶树得云雾之滋润，无寒暑之侵袭，蕴成良好的品质。

📒 产茶历史

黄山茶可追溯到1200年前的盛唐时代。黄山，在隋文帝年间隶属歙州，后属徽州。据《徽州府志》中记载："黄山产茶始于宋之嘉祐，兴于明之隆庆。"

明代的黄山茶不仅在制作工艺上有很大提高，品种也日益增多，而且这时的黄山茶已独具特色、声名鹊起，黄山毛峰茶的雏形也基本形成。

1915年，巴拿马万国博览会上，黄山所产的祁门红茶、太平猴魁双双获得金奖。1987年，第26届世界优质食品评选会上，祁红又一举夺魁。此后，祁红、猴魁、毛峰、屯绿，黄山茶金奖不断，在中国十大名茶中几乎占去半壁江山。黄山茶，国饮之冠，可谓名不虚传！

99

黄山毛峰（绿茶）

知名度：★★★★★　　　最佳品茗季节：夏季

冲泡难易度：★★★　　　泡茶法：中投法（参见161页"绿茶的几种泡法"）

黄山毛峰入杯冲泡，雾气结顶，香气清香高长，馥郁酷似白兰，沁人心脾。含于口中，滋味鲜浓，醇和高雅，回味甘甜，白兰香味长时间环绕齿间，丝丝甜味持久不退。至第三泡，把茶放凉，此时再品，自能体会到"一片幽香冷处浓"的独特韵味。

历史与故事

黄山毛峰起源于清光绪年间，当时有位歙县茶商谢正安（字静和）开办了"谢裕泰"茶行，清明前后亲自率人到黄山充川、汤口等高山名园选采肥嫩芽叶，经过精细炒焙，创制了风味俱佳的优质茶。由于该茶白毫披身，芽尖似峰，故冠以地名称之"黄山毛峰"。

专家教你鉴名茶

特级黄山毛峰其"鱼叶金黄，色似象牙"是区别于其他毛峰的显著特征。鱼叶指的是特级黄山毛峰一芽一叶下那片过冬的小叶子，俗称"茶笋"或"金片"；象牙色指的是特级黄山毛峰的颜色看上去有种"没有光泽，有黄有白还带点绿色"的效果。

品质特点

细节放大看

❶ 干茶：形似雀舌，条索似兰花，带有金黄色鱼叶；芽肥壮、匀齐、多毫

❷ 茶汤：清澈明亮
滋味：滋味鲜浓、醇厚，回味甘甜

❸ 叶底：嫩黄柔软，肥壮成朵

太平猴魁（绿茶）

知名度：★★★★　　　　最佳品茗季节：夏季

冲泡难易度：★★★　　　泡茶法：下投法（参见161页"绿茶的几种泡法"）

太平猴魁入杯冲泡，茶叶徐徐舒展，幽香扑鼻而来，肥壮成朵的芽叶在明澈翠绿的茶汤中，或悬或沉，犹如"刀枪云集，龙飞凤舞"。轻啜一口，滋味甘醇爽口。回味，有一股幽兰的暗香留于唇齿间。

📑 历史与故事

20世纪初，安徽太平县三门村猴坑的茶农王魁成，从鲜叶中选出一芽二叶进行加工，深受市场欢迎。这引起了太平县三门茶人刘敬之的留意。他品尝后发现，此茶两头尖，不散不翘不卷边，头泡香二泡浓三泡四泡沁人心，确是绿茶中的精品。随即和好友苏锡岱商量，决定用产地猴坑的"猴"字，加上茶农王魁成名中的"魁"字，将此茶命名为"太平猴魁"。1915年，苏刘二人将此茶送往美国举办的巴拿马万国博览会，获得金奖。从此"太平猴魁"盛名远播，被列入全国名茶。

101

🫖 专家教你鉴名茶

上好的太平猴魁魁伟匀整，手掂沉重，丢盘有声；色泽苍绿，白毫多而不显，叶底匀净发亮；入杯冲泡，开展徐缓，芽叶成朵，或悬或沉，叶影水光，相映成趣；冲泡三四次，滋味不减，兰香犹存。

品质特点

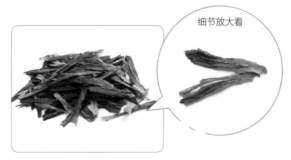

细节放大看

❶ 干茶：平扁挺直，每朵茶都是两叶抱一芽，芽藏而不露，成茶挺直，呈两头尖，不散不翘不曲

❷ 茶汤：杏绿清亮，香高气爽
滋味：甘醇爽口，带有明显的兰花香

❸ 叶底：肥厚柔软

老竹大方（绿茶）

知名度：★★★	最佳品茗季节：夏季
冲泡难易度：★★★	泡茶法：下投法（参见161页"绿茶的几种泡法"）

老竹大方形如竹叶，香似板栗。冲泡后，舒展开后的茶叶在杯中均匀成朵，芽叶饱满丰润，滋味醇爽，细细品味，舌底还能感觉到一丝清甜的味道。

历史与故事

据《歙县志》记载，明代隆庆（1567—1572年）年间有一和尚大方，在徽州歙县老竹岭上创制大方茶。采制得法，制作精妙，其形平扁光滑似竹叶，色深绿如铸铁。

1751年乾隆下江南时，茶农将此茶献给皇上，从此被作为宫廷贡品。由于此茶为僧大方在老竹岭所创制，故称"老竹大方"。

专家教你鉴名茶

大方按品质分为顶谷大方和普通大方。品质以老竹岭和福泉山所产的"顶谷大方"为最优。顶谷大方是大方中的极品，吸香能力强。这种茶窨以茉莉或珠兰，便成为茉莉大方或珠兰大方，统称"花大方"。花大方颇有特色，具有名茶风格。茶香茶味调和性好，花香鲜浓，茶味醇厚，在市场上颇受欢迎。

品质特点

细节放大看

① 干茶：扁平匀齐，挺秀光滑，翠绿微黄，色泽稍暗，满披金毫，隐伏不露

② 茶汤：清澈微黄，香气高长，有板栗香
滋味：醇厚爽口

③ 叶底：芽叶肥壮

祁门红茶（红茶）

知名度：★★★★★	最佳品茗季节：冬季
冲泡难易度：★★★	泡茶法：沸水冲泡（详见200页）

如果说红茶似酒，那么中国的祁门红茶就可当之无愧地比作红酒中最负盛名的波尔多。祁门红茶香气浓郁高长，似蜜糖香，又蕴藏兰花香，清饮能品味祁红的隽永香气，即使添加鲜奶亦不失其香醇，反而更加馥郁。

📋 历史与故事

祁门红茶从1875年创制，主要为出口欧洲，深受当时欧洲上流社会的追捧。1915年巴拿马万国博览会上，祁门红茶获得博览会金奖，载誉归来。在欧洲，祁门红茶由于香气独特，无法用语言形容，被冠以"祁门香"，也曾被誉为"The queen of fragrance"，国人译为"群芳最""茶中王子"。如今，祁门红茶与阿萨姆红茶、大吉岭红茶、锡兰高地红茶一起，被列为世界四大知名红茶。

🫖 专家教你鉴名茶

祁门红茶有主产地和次产地之分，主产地安徽祁门的红茶色泽乌润，口感滑润，香气高，有祁红独有的香气，次产地的红茶乌润度较差且涩味较重，含有明显的青草气。

优质祁红色泽乌黑中微带一点灰色，被誉为"宝光"。冲泡以后，汤色明亮红润，香气馥郁，回味绵长。由于加工工艺的不同，还可以品尝出蜜糖香、花香和果香等不同的香味，被称为"祁门香"。

品质特点

细节放大看

❶ 干茶：条索细紧，匀齐秀丽，色泽乌黑

❷ 茶汤：红亮透明，香气清香持久，似果香又似兰花香

滋味：滋味醇厚，回味隽永

❸ 叶底：鲜红明亮

鄂南泛指咸宁市、黄石市、石首市、鄂州市、武汉江夏区等，因这些市县区位于湖北省南部，故称之为"鄂南"。鄂南地区的特产极为丰富，其中茶、竹、桂、麻被称为鄂南四宝。

生态环境

鄂南气候温和，降水充沛，日照充足，四季分明，无霜期长。鄂南地区的土壤主要为红棕壤，无机物含量丰富，土壤呈酸性，适合茶树生长。

茶旅文化

鄂南茶文化极为古老、极为丰富，总体说来，它根植于九宫山的道教文化。中国古茶是始传于道徒寺僧之手的，有"茶道一味，茶禅一味"之说。

九宫山位于湖北省咸宁市，是全国五大道教名山之一。这里森林覆盖率达96.6%，是中国负氧离子含量最高的天然大氧吧，遍地喷泉飞瀑，四季涌流不竭。九宫山种植茶叶的历史十分悠久，宋代山上便有"茶寮观"。

104

名茶 产地	恩施市

恩施市是湖北省恩施土家族苗族自治州首府，是中国优秀旅游城市、湖北省九大历史文化名城之一。

 产地特征

恩施市属中纬度亚热带气候，冬无严寒，夏无酷暑，年平均气温16℃左右，年日照时数1300小时，相对湿度82%，年降雨量1400~1500毫米。土壤中蕴藏着丰富的硒资源，是著名的富硒茶产地。

恩施玉露（绿茶）

知名度：★★★	最佳品茗季节：夏季
冲泡难易度：★★★	泡茶法：下投法（参见161页"绿茶的几种泡法"）

经沸水冲泡，芽叶复展如生，初时婷婷地悬浮杯中，继而沉降杯底，平伏完整，汤色嫩绿明亮，如玉露，香气清爽，滋味醇和。

📝 历史与故事

恩施玉露曾称"玉绿"，因其香鲜爽口，外形条索紧圆光滑，色泽苍翠绿润，毫白如玉，故改名"玉露"。恩施玉露是中国传统名茶，自唐时即有"施南方茶"的记载。1998年，恩施市利用无性系繁殖技术，逐步在全市大面积推广玉露优质茶种植，并恢复了失传多年的蒸青工艺。

🫖 专家教你鉴名茶

恩施玉露茶是中国传统蒸青绿茶，选用叶色浓绿的一芽一叶或一芽二叶鲜叶经蒸汽杀青制作而成。恩施玉露对采制的要求很严格，芽叶须细嫩、匀齐。"三绿"，即茶绿、汤绿、叶底绿，为其显著特点。

细节放大看

❶ 干茶：紧细匀整，色泽苍翠润绿，匀齐挺直，状如松针，白毫显露

品质特点

❷ 茶汤：清澈明亮，香气清高持久
滋味：鲜爽甘醇

❸ 叶底：嫩匀明亮，色绿如玉

江西

在距今一千八百多年的东汉时期，江西的庐山就生产茶；在唐代，江西景德镇的浮梁更是著名的产茶地，也是著名的茶叶集散地。唐代诗人白居易在《琵琶行》里写下的那句"商人重利轻别离，前月浮梁买茶去"，便是唐代江西茶叶繁荣的有力见证。

生态环境

江西为亚热带湿润气候。处于北回归线附近，春季回暖较早，雨量偏多；盛夏至中秋前晴热干燥；冬季阴冷但霜冻期短。全省气候温暖，日照充足，雨量充沛，无霜期长，十分有利于茶树生长。

茶旅文化

"器为茶之父"，江西生产的陶瓷茶具历史悠久。从明代起，景德镇便成为"天下窑器所聚"的制瓷中心，生产的精美茶具小巧玲珑、胎质细腻、釉色光润、画意生动。其中青花瓷淡雅滋润，与茶的清丽恬静和谐一致，具有独特的美感，因而青花茶具也声名鹊起。

名茶 产地	九江市庐山

"匡庐奇秀甲天下"的庐山，北临长江，南傍鄱阳湖，气候温和，山水秀美，十分适宜茶树生长。

◉ 产地特征

匡庐之山，真是云的故乡，云的世界。这里由于江湖水汽蒸腾而形成云雾，常见云海茫茫，一年中有雾的日子可达195天之多。由于这里升温比较迟缓，因此茶树萌发多在谷雨后，即4月下旬至5月初。又由于萌芽期正值雾日最多之时，因此造就了云雾茶的独特品质。

庐山云雾（绿茶）

知名度：★★★	最佳品茗季节：夏季
冲泡难易度：★★★	泡茶法：下投法（参见161页"绿茶的几种泡法"）

庐山云雾入水后，宛若碧玉盛于碗中。饮后回味香绵，甘醇可口，是绿茶中的精品。"幸饮庐山云雾茶，更识庐山真面目"，这诗一般的赞语，更衬托了它的清澈高雅。

历史与故事

《庐山志》载，庐山云雾茶"初由鸟雀衔种而来，传播于岩隙石罅……"，又称钻林茶，但由于散生荆棘横生的灌木丛，寻觅艰难，而且量极少。过去，庐山云雾茶的栽培多赖庐山寺庙的僧人，是他们用汗水培育、浇灌了一茬又一茬的茶树。庐山云雾茶规模种植是在进入20世纪以后，但与佛教仍然有关联，可谓茶禅相通的佳作。

专家教你鉴名茶

市面上的庐山云雾茶分为特一级、特二级、一级、二级、三级五个等级。特级的庐山云雾茶条索圆直，芽长毫多，色泽翠绿，有淡淡的豆花香；冲泡后的茶汤色泽清澈，茶香高爽，幽香如兰，入口滋味醇厚回甘，宛若碧玉盛于碗中。

品质特点

细节放大看

❶ 干茶：芽壮叶肥，条索秀丽，白毫显露，色泽翠绿

❷ 茶汤：明亮
滋味：深厚，鲜爽甘醇，香味爽而持久

❸ 叶底：嫩绿明亮

婺源茗眉（绿茶）

知名度：★★★　　　　　最佳品茗季节：夏季

冲泡难易度：★★★　　　泡茶法：下投法（参见161页"绿茶的几种泡法"）

婺源茗眉翠绿紧结，纤纤如仕女秀眉。冲泡杯中雾气轻绕，茶叶在冲泡时舒展，上下翻腾。入口清凉，有丝丝的甜味，口中能明显感觉到茶汤的柔度，有"两腋清风起，飘然欲成仙"之感。

历史与故事

婺源产茶历史悠久。《宋史·食货》中称"婺源谢源茶为绝品"。明朝，婺源茶受到朝廷赞赏，被列为贡品。1915年，婺源茶在巴拿马万国博览会上展出，获金奖。美国人威廉·乌克斯在其所著的《茶叶全书》中称赞婺源茶为"中国绿茶中品质之最优者"。1958年，婺源茶叶科研人员结合原有茶叶技术，新创"婺源茗眉"，被列入全国名茶。

专家教你鉴名茶

眉茶为长炒青绿茶精制产品的统称，主要产于浙江、安徽、江西等地。眉茶中的品种主要有特珍、珍眉、凤眉、雨茶、贡熙、秀眉和茶片等。

品质特点

细节放大看

❶ 干茶：细紧纤秀，弯曲似眉，挺锋显毫，色泽翠绿光润，紧结，银毫披露

❷ 茶汤：清澈明亮
滋味：香郁鲜醇，浓而不苦，回味甘甜

❸ 叶底：嫩匀完整

江北茶区
我国最北的茶区

江北处于北亚热带北缘，与其他茶区比较，气温低、积温少、茶树生产期短，同时由于易受西伯利亚寒流的侵袭，茶树经常受冻减产，土壤条件也不太理想，要发展茶叶生产需采取一定的改造措施。但即便如此，在小区域气候条件较好的地方，仍然出产有高质量的茶叶

地理位置：	江北茶区位于长江中、下游北岸，南起长江，北至秦岭、淮河，西起大巴山，东至山东半岛，是我国最北的茶区
包含省份及地区：	包括陕西南部、江苏北部、安徽北部、河南南部、湖北北部和山东一带
茶树品种：	茶树大多为灌木型中叶种和小叶种，品种资源丰富，主要适宜制作绿茶等
产茶种类：	绿茶为主。名茶有六安瓜片、信阳毛尖、紫阳毛尖、霍山黄芽、舒城兰花、汉中仙毫等

茶区寻名茶

	名茶	分类	产区	特征
陕西南部	汉中仙毫	绿茶	汉中市	外形微扁，挺秀匀齐，嫩绿显毫，香气高锐持久，汤色嫩绿、清澈鲜明，滋味鲜爽回甘，叶底匀齐鲜活，嫩绿明亮
江苏北部	花果山云雾茶	绿茶	连云港市	条索紧圆、形似眉状、锋苗挺秀、润绿显毫、香高持久、滋味鲜浓、汤色清明、叶底匀整
湖北北部	保康松针	绿茶	襄阳市保康县	外形紧直，圆润光滑，呈翠绿色，内质香气清高，汤色嫩绿，滋味醇厚，叶底肥嫩饱满
河南南部	太白银毫	绿茶	桐柏县	条索雄壮、紧实，银毫满披，色泽翠润，香气嫩香，汤色绿而清澈，滋味醇爽，叶底肥软绿亮
	其他名茶：信阳毛尖（见111页）等			
安徽北部	舒城兰花	绿茶	舒城县	外形条索细卷呈弯钩状，芽叶成朵，色泽翠绿匀润，毫锋显露；内质香气成兰花香型，鲜爽持久，滋味甘醇，汤色嫩绿明净，叶底匀整，呈黄绿色
	其他名茶：六安瓜片、霍山黄芽（见114、115页）等			
山东	日照绿茶	绿茶	日照市	汤色黄绿明亮、栗香浓郁、回味甘醇、叶片厚、香气高、耐冲泡

说明：标红名茶后文皆有详细介绍。

河南

河南位于中国中部，东接安徽、山东，北接河北、山西，西连陕西，南临湖北，素有"九州腹地、十省通衢"之称。河南是炎黄子孙和中原文化的发祥地，是中国传统文化积淀丰厚的地区，可谓物华天宝、人杰地灵。

生态环境

河南大部分地处暖温带，南部跨亚热带，属北亚热带向暖温带过渡的大陆性季风气候，同时还具有自东向西由平原向丘陵山地气候过渡的特征。

茶旅文化

河南茶文化具有根基深厚、内容综合、包容性强的特征。北宋时期，都城开封可谓是茶文化荟萃之地，据《东京梦华录》记载，开封城有茶肆、茶坊、茶楼、茶亭、茶室、茶店等，可见喝茶、品茶之风甚为浓厚。

今天，河南茶产业已基本确立了"南茶北销，横贯东西"的茶叶枢纽及中转地位。这种承接南北、贯穿东西的区位优势，也使得河南省会郑州成为全国各茶区茶商蜂拥而至的地方。

名茶产地	信阳市
	信阳有"江南北国、北国江南"之美誉，所产的信阳毛尖闻名遐迩，因此又被誉为山水茶都、中国毛尖之都。

◎ **产地特征**

信阳茶区的土壤多为黄黑砂壤土，深厚疏松，腐殖质含量较多，肥力较高，pH在4～6.5。历来茶农多选择在海拔300～800米的高山区种茶。这里山势起伏多变，森林密布，植被丰富，雨量充沛，云雾弥漫，空气湿润。太阳迟来早去，光照不强，适合茶树的生长。

信阳毛尖（绿茶）

知名度：★★★★	最佳品茗季节：夏季
冲泡难易度：★★★	泡茶法：特级用下投法（参见161页"绿茶的几种泡法"）

信阳毛尖入水后，茶芽在杯中亭亭玉立，时而上浮，时而下沉，芽叶交相辉映。正欲领略茶叶上下翻舞的风韵时，缕缕茶香已经扑面而来。入口一品，滋味鲜醇回甘，令人心旷神怡。

历史与故事

信阳毛尖素来以"细、圆、光、直、多白毫、香高、味浓、汤色绿"的独特风格而饮誉中外。茶圣陆羽在其《茶经》中把光州茶（信阳毛尖）列为茶中上品。信阳毛尖茶清代已为全国名茶之一，1915年荣获巴拿马万国博览会优质奖，1959年被评为全国十大名茶之一。

III

专家教你鉴名茶

信阳毛尖新茶色泽鲜亮，泛绿色光泽，香气浓爽而鲜活，白毫明显，给人以生鲜的感觉；陈茶色泽较暗，光泽发暗甚至发乌，白毫损耗多，香气低闷，无新鲜口感。

细节放大看

① 干茶：细秀匀直，外形细、圆、光、直、锋苗挺秀，色泽翠绿光润、白毫显露

品质特点

② 茶汤：嫩绿鲜亮，香气鲜浓持久、有熟板栗香
滋味：滋味鲜浓、爽口、回甘生津

③ 叶底：细嫩匀整

皖北地处安徽省北部，东靠江苏，南接皖南，西连河南，北望山东。由于皖北特殊的地理位置和人文环境，各种不同文化在此碰撞、交流，形成了一种区域文化，具有兼容性和过渡性的特点，其中的茶文化也独具特色。

生态环境

皖北地区位于暖温带南缘，属暖温带半湿润季风气候。季风明显，四季分明，气候温和，雨量适中。皖北地区水资源比较丰富，森林植被属华北区系类型，为暖温带落叶阔叶林。

茶旅文化

皖北有座千年古镇，面积不大，却以茶馆闻名千载，那就是位于淮北市濉溪县的临涣古镇。早在东晋、南北朝时期，临涣就有茶馆，当时作为茶叶摊位而存在。唐代，随着大运河的开通，临涣古镇越发繁荣，临涣的茶馆文化逐渐成为当地特色，饮茶也成为当地居民的习惯。

临涣城下有回龙泉、金珠泉、饮马泉、龙须泉四大古泉，这四大古泉口感特殊，且含有对人体有益的矿物质，利用这四大古泉沏茶，具有得天独厚的优势。临涣所采用的茶和我们平时所使用的茶叶也不一样，它采用的是六安茶叶的茶梗，当地人称之为"棒棒茶"，虽然廉价，味道却不错，可谓独具特色的茶文化。

名茶产地 | **六安市境内大别山**

大别山风光无限，据说李白曾经赞曰："山之南山花烂漫，山之北白雪皑皑，此山大别于他山也。"故此得名大别山。

📍 产地特征

大别山属北亚热带温暖湿润季风气候区，具有典型的山地气候特征，气候温和，雨量充沛。温光同季，雨热同季，具有优越的山地气候和森林小气候特征。大别山森林海拔差异大，植被变化明显，在大别山区东段，是大别山区山地资源的主体集中区域，这里也是茶叶的重要产区。

🗒 产茶历史

大别山区地处皖、鄂、豫三省境内，主峰白马尖位于安徽省霍山县。安徽省境内的大别山区包括金寨、霍山、岳西三县全境和舒城、六安、桐城、潜山、太湖、宿松、庐江等县的一部分，这里也是我国著名的古老茶区之一。

著名绿茶六安瓜片便产于安徽省大别山茶区，其中以六安市金寨县齐云山所产的瓜片茶品质最好。齐云山峰峦叠翠，土壤肥沃，雨量充沛，终年云雾弥漫。茶树生长在这样日照短且多漫射光的温湿的环境里，朝夕饱受着雾露的滋润，因而茶叶品质优越。

113

皖北茶农炒茶图

六安瓜片（绿茶）

知名度：★★★★	最佳品茗季节：夏季
冲泡难易度：★★★	泡茶法：下投法（参见161页"绿茶的几种泡法"）

六安瓜片的造型宛如瓜子，冲泡时在水中很是好看，舒展开的叶子大大长长，修长的线条别具风韵，有一种舒缓起伏、沉稳大气的美。

历史与故事

"天下名山，必产灵草，江南地暖，故独宜茶。大江以北，则称六安。"这是明代茶学家许次纾继陆羽《茶经》之后所著的中国又一部茶叶名著《茶疏》开卷的第一段话。

六安茶有三百年的贡茶历史，慈禧太后每月享用十四两。叶挺将军最爱喝的茶就是"六安瓜片"。在近代，六安瓜片一直作为中国国礼赠送给外国友人。

专家教你鉴名茶

六安瓜片是绿茶中唯一去梗去芽的片茶，经扳片、剔去嫩芽及茶梗，通过独特的传统加工工艺制成的形似瓜子的片形茶叶。

挑选六安瓜片，先看外形，透翠，老嫩、色泽一致，可见烘制到位。通过嗅闻有如熟板栗那种香味或幽幽的兰花香的为上乘；有青草味的说明炒制功夫欠缺。片卷顺直、长短相近、粗细匀称的条形，形状大小一致，说明炒功到位。

品质特点

细节放大看

❶ 干茶：叶缘背卷，似瓜子形的单片，自然平展，色泽宝绿，大小匀整，不含芽尖、茶梗

❷ 茶汤：清澈透亮，清香高爽
滋味：鲜醇回甘

❸ 叶底：绿嫩明亮

114

霍山黄芽（黄茶）

知名度：★★★★★	最佳品茗季节：夏季
冲泡难易度：★★★	泡茶法：下投法或中投法（参见161页"绿茶的几种泡法"）

霍山黄芽有着很好的保健作用。它的香气成分共有46种之多，其中香叶醇含量高出一般名茶5倍多；同时，霍山黄芽还富含氨基酸、茶多酚等成分，虽不能"久服得仙"，但长饮霍山黄芽，确实有助于延年益寿，有益于身体健康。

历史与故事

霍山黄芽为安徽历史第一茶，最早的记载见于西汉司马迁的《史记》，"寿春之山有黄芽焉，可煮而饮，久服得仙。"开采期一般在谷雨前两三天，采摘刚刚展开的一芽一叶或一芽两叶，通过五道工序精制而成。

霍山黄芽是茶中精品，久负盛名。自唐至清，霍山黄芽历代都被列为贡茶。唐朝李肇《国史补》把霍山黄芽列为十四品目贡品名茶之一。

 专家教你鉴名茶

精品霍山黄芽，水分含量低，一般茶的含水量是6%，而霍山黄芽的含水量在5%左右，用手可以捻成粉面状，便于保管，耐储藏。

品质特点

① 干茶：外形条直微展，匀齐成朵、形似雀舌、微黄披毫

细节放大看

② 茶汤：汤色黄绿清澈明亮，香气清香持久
滋味：鲜醇浓厚回甘

③ 叶底：黄绿嫩匀

喝茶容易懂茶难。懂茶的人，不仅能鉴别好茶、品出茶的真味，还能喝出茶的境界，感悟人生的智慧。

第二章

慧眼轻松识——茶叶鉴别与选购

茶——天地间最具灵性的植物。生长于名山秀水之间，以青山绿水为伴，以明月清风、氤氲甘露为侣，得天地之精华而造福于人类。

泡上一杯好茶，看汤色明亮通透，清香四溢，如饮甘泉，让人如沐春风。品饮一口好茶，是一种福分，仿佛把人送入忘我之境，有一种说不出的畅快。

想要挑选到上等好茶，自然也要好好地"茶"言观色一番。

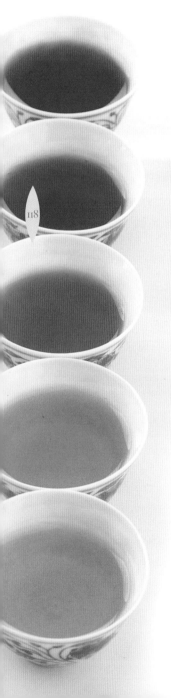

选购技巧

外形

看茶叶干燥是否良好，用手指轻捏，会碎的表示茶叶干燥程度良好；如用力重捏不易碎，则茶叶已受潮回软，茶叶品质会受到影响。

茶叶叶片形状、色泽整齐均匀的较好，茶梗、茶角、茶末含量比例高的茶叶，大多会影响茶汤品质，以少为佳。

绿茶选购小窍门：炒青看苗，烘青看毫。"炒青看苗"是指买炒青绿茶要看是否有锋苗[①]，有者嫩度就高，反之就是粗老茶了。"烘青看毫"就是指买烘青绿茶时，要看是否有绒毛，有者嫩度就高，反之就是粗老茶了。

①锋苗，指芽叶细嫩，紧卷而有尖峰。

滋味

能让口腔有充足的香味或喉韵者为好茶。若苦涩味重则非佳品。

汤色

茶叶因发酵程度各异而呈现不同的水色，茶汤要澄清鲜亮，不能有浑浊或沉淀物产生。

叶底

泡后茶叶逐次开展者，是幼嫩鲜叶所制成，且制造技术良好，茶汤浓郁，冲泡次数也多。叶面不开展或经多次冲泡仍只有小程度开展的茶叶，不是焙火失败就是已经放置一段时间的陈茶。

叶底形状以整齐为佳，碎叶多为次级品。以手指捏叶底，一般以弹性强者为佳，表示茶青幼嫩，制造得宜。叶脉突显，触感生硬者为老茶青或陈茶。

看外形

看叶底

鉴别优劣

优质茶与劣质茶

优质茶与劣质茶，一般可用感官审评的方法进行鉴定。即运用视觉、味觉等器官，对茶叶固有的色、香、味、形特征，用看、闻、摸、尝的方法，判断茶叶的优劣。

【闻味】

鉴别时，用双手捧起一把干茶。凡具有茶叶固有的纯香者，为优质茶；凡带有青腥气或其他异味者，为劣质茶。

【辨色】

抓一把茶叶放在白色的瓷盘上，摊开茶叶，细心观察，若绿茶深绿，红茶乌黑，青茶乌绿，为优质茶本色。若颜色杂乱而不相协调，或与茶叶本色不相一致，即有劣质茶之嫌。

【开汤审评】

如果闻香观色还难以判断，那么，可取少量茶叶放入杯中，加入沸水冲泡，进行开汤审评，进一步从茶叶的色、香、味、形，特别是从展开的茶叶叶片上来进行识别。

新茶与陈茶

	色泽	茶汤	叶底	滋味	香气
新茶	新鲜、有光泽	汤色明亮	柔软有活性	甘醇爽口	闻有浓厚茶香，有清香、兰花香、熟板栗香味等
陈茶	色黄暗晦、无光泽	汤色暗沉	灰暗	有陈味	香气低沉

一般来说，当年的茶叶是新茶，而存放了一年以上的茶叶就是陈茶了；绿茶和黄茶以新为佳，普洱茶却是日久味更醇，陈年价更高。

春茶与秋茶

	外形	色泽	茶汤	滋味	叶底	香气
春茶	芽叶硕壮饱满，条索紧结、厚重	鲜活润泽	汤色浓艳	味浓、甘醇爽口	叶底柔软明亮	香气浓
秋茶	条索紧细、丝筋多、轻薄	暗沉微黄	汤色浅淡	味平和、微甜，	叶底质柔软，多铜色单片	香气淡

春茶的价格通常会因采摘时间的早晚，先高后低。一般来说，早春的绿茶被认为是一年中品质最好的。

春茶和秋茶是茶中上品。民谣有"早茶留着送朋友，晚茶留着敬爹娘"，表现了茶乡人对朋友的诚挚和对父母的孝敬。

普洱茶选购技巧

首先，根据自己的需要来选择茶叶。如果是打算收藏，待品质提升后过几年再品饮，可选购熟茶；如果是打算长期收藏以待升值，最好选购生茶，因为生茶转变为熟茶需要10年左右的时间。其次，认准生产厂家和产地，最好是选用生态有机茶，以古茶园所产茶为上品。再次，认真品鉴茶的年限、品质，以确定价格。储茶有风险，收藏须谨慎。

看包装

云南普洱紧压茶包装大多用传统包装材料，如内包装用棉纸，外包装用笋叶、竹篮，捆扎用麻绳、篾丝。查验包装材料是否清洁无异味，包装是否紧实、端正、牢固，外形包装的大小是否与茶身密切贴合，是否松动；棉纸是否为纯棉质，字迹是否清晰等。

看外观

主要看匀整度、松紧度、色泽、嫩度、匀净度等，看形态是否端正，棱角是否整齐，条索是否清晰，有无起层落面。如云南七子饼茶，要求直径20厘米，中间厚（2.5厘米），边缘薄（1.0厘米），而且"臼"处于饼中心，不偏歪，茶条索清晰，无起层落面、掉边，松紧适度，具"泥鳅"边。

优质普洱"四字真诀"

清：闻其味，味道要清，香气可人，不能有霉味。

纯：辨其色，熟茶色如枣，不能黑如败漆。

正：环境正，存放干仓，不可位潮湿地。

气：品其汤，心旷神怡，似有气运行于体内，令全身筋骨舒适惬意，心安清爽，回味温和。

茶叶贮存

再好的茶叶，保存不当也会很快变味。眼看着自己喜欢的名贵好茶变得淡然无味，确实是件让人伤心的事。茶叶的贮存只要做到以下几点，就可以常年喝上好茶了。

隔绝空气

空气中的氧气、水分等物质很容易和茶叶发生氧化，所以茶叶保存时要注意隔绝空气。在茶叶的包装里面放上一小包保鲜剂，就能起到很好的保鲜作用（黑茶除外）。

干燥

干燥有两层含义：一是茶叶本身的含水量要控制在一定程度内；二是环境的相对湿度要低。茶叶在贮藏时的最佳含水量是3%，超过一定限度，茶叶就会变质。可抓一小撮茶叶用手指轻轻捻搓，如立即变成粉末，即表明其含水量在此范围内。如含水量较高，要在进行干燥处理以后再行贮藏。

低温

常温和高温下，茶叶很容易陈化。温度过高会使茶叶氧化，陈化变质。

但也并不是温度越低越好。低于0℃，茶叶的香气就会降低，鲜灵度变差。一般情况，茶叶保存在5～6℃最好。黑茶可以在常温下保存。

避光

强光可加速茶叶的氧化，使茶叶中的一些物质起光化反应，产生"日晒味"。因此，贮藏茶叶要避免光照。常用的办法是在茶叶的外包装上加上不透光的材料，避免光线直接射到茶叶的表面。

防异味

茶叶中的高分子化合物，性质活跃，当茶叶与香皂、樟脑、卷烟等接触后，会很快吸附它们的气味，使茶叶产生异味。因此，要严防与有异味的物质接触，贮茶容器也必须保持清洁无味。

泡茶篇：好器好水泡好茶

好茶用好水，古人对此非常讲究。「扬子江中水，蒙山顶上茶」，名茶伴美水，才能相得益彰。有了好茶、好水，还要有好茶具，并采用合适的冲沏方法，才能泡出好茶。

若只解决身体对水的需求，抓把茶叶放入开水中就可以了。要满足精神享受的需求，泡茶就需要下些工夫了。

收拾心情、选茶、择水、备具、冲泡、品饮，享受那一份泡茶过程中的惬意……

第一章

壶里乾坤，杯中日月——茶具

器为茶之父。

茶具不仅是盛放茶汤的容器，更是品饮艺术不可缺少的一部分。看茶叶在水中舒展身体和枝叶，上下沉浮，令人心旷神怡。茶香弥漫开来，岁月和心情就浓缩在茶叶的纹理和淡香中……

于一烹一品间，从容地将心灵在瞬间涤荡了一回，真可谓是一种艺术享受。

茶具演变

唐前茶具

西汉辞赋家王褒《僮约》有"烹茶尽具，酺已盖藏"之约，这是我国最早提到"茶具"的史料。《茶经》记载，西晋惠帝蒙难，侍从"持瓦盂承茶"。可见唐代以前，还没有专门的茶具出现。

唐代茶具

唐朝，饮茶之风盛行。《茶经》列出了二十八种茶具。唐代茶盏称"瓯"，并已经开始出现玻璃茶具。

宋代茶具

宋代茶具由唐代时的古朴雅致，变得富丽典雅，且具有丰富的文化内涵。铜和陶瓷茶具逐渐代替古老的金、银、玉制茶具，紫砂茶具也开始崭露头角。

当时盛行"点茶法"，推崇黑色的茶盏，并将煎水时使用的器具变成注水的汤瓶。

元代茶具

元朝，青花瓷茶具以其白瓷缀青纹、古朴典雅而又清丽恬静的特点，声名鹊起。

明代茶具

明代条形散茶盛行，饮茶方法改为直接用沸水冲泡，茶具也因此发生了重大改革。茶具开始朝着矮小而秀美、简约而精致的方向发展，并开始出现了小茶壶。

这一时期，江西景德镇的白瓷和青花瓷茶具，江苏宜兴的紫砂茶具都取得了极大发展，无论是茶具的色泽、品种还是样式，都达到了精巧的极致。

清朝，大铜壶广泛流传于市井，茶楼文化十分兴盛，大碗茶成为那个时代文化与精神的重要载体。

清代茶具

清代生产的茶具，釉色比前代更为丰富，有粉彩、青花和多种彩色釉，其中以景德镇的瓷器和宜兴的紫砂壶最为著名，称为"景瓷宜陶"。

乾隆、嘉庆年间，宜兴紫砂还生产出了粉彩茶壶，使传统砂壶的制作工艺又有了新的突破。

现代茶具

到了现代，茶具的样式更新颖，品种更多，工艺更精细，质量也更上乘。在众多材质的茶具中，贵重的有金银茶具，廉价的有竹木茶具，还有以玛瑙、水晶、玉石、大理石、陶瓷、玻璃、漆器、搪瓷等为材料制作的茶具，数不胜数。

茶具分类

要饮得好茶，自然离不开好茶具。一套精致的茶具配以色、香、味俱全的名茶，可谓相得益彰。

茶具的材质适用性最强的是瓷，瓷又分为青瓷、白瓷、彩瓷等。除了瓷质茶具，还有其他材质的茶具，如陶质茶具、竹木茶具、金属茶具、漆器茶具和玻璃茶具等。

青瓷茶具

青瓷以瓷质细腻，线条明快流畅、造型端庄浑朴、色泽纯洁而斑斓著称于世。唐代诗人陆龟蒙曾以"九秋风露越窑开，夺得千峰翠色来"的名句赞美青瓷。青瓷"青如玉，明如镜，声如磬"，被称为"瓷器之花"，珍奇名贵。

白瓷茶具

早在唐时，河北邢窑的白瓷器具已"天下无贵贱通用之"。元代，景德镇白瓷茶具远销国外。如今，白瓷茶具更是造型精巧，绘有山川河流，飞禽走兽，人物故事，适合冲泡各类茶叶，堪称饮茶器皿中之珍品。

彩瓷茶具

彩色茶具的品种花色很多，其中尤以青花瓷茶具最引人注目。古人将黑、蓝、青、绿等诸色统称为"青"，它的特点是：花纹蓝白相映成趣，有赏心悦目之感；色彩淡雅可人，有华而不艳之力。加之彩料之上涂釉，显得滋润明亮，更平添了青花茶具的魅力。

搪瓷茶具

元代，搪瓷工艺传入我国，明代景泰年间（1450—1456），我国开创研制了珐琅镶嵌工艺品——景泰蓝搪瓷茶具。搪瓷茶具以其坚固耐用，图案清新，轻便耐腐蚀，深受人们喜爱。然而搪瓷茶具传热快，容易烫手，所以一般不作居家待客之用。

陶器茶具

从唐宋时期开始，陶器茶具渐渐取代了金属茶具。

陶器无须上釉，其白度不及瓷器，不透光，吸水性强。然而陶器朴素，似山野村夫，浑然刚健，让人倍感亲和，尤其以江苏宜兴的紫砂茶具最为著名。

漆器茶具

漆器茶具较有名的有北京雕漆茶具、福州脱胎茶具、江西鄱阳等地生产的脱胎漆器等，均具有独特的艺术魅力。漆器茶具轻巧美观，色泽光亮，能耐温、耐酸，更是一种值得珍藏的艺术品。

金属茶具

金属茶具是指由金、银、铜、铁、锡等金属材料制作而成的茶具。历史上有金、银、铜、锡等金属制作的茶具，尤其是用锡做的贮茶器，小口长颈，其盖为圆桶状，密封性好。

紫砂茶具

紫砂茶具是陶器茶具的一种。它造型奇巧，古朴大方，典雅精美，集金石、书画、雕塑艺术于一体，有极高的艺术欣赏和实用价值，是为中华一大瑰宝。历史上曾有"一壶重不数两，价重每一二十金，能使土与黄金争价"之说。

玻璃茶具

用玻璃茶具泡茶，茶汤的鲜艳色泽，茶叶在冲泡过程中的沉浮移动，叶片的逐渐舒展等，都可以一览无余，尽收眼底，可说是一种动态的艺术欣赏。茶具晶莹剔透，杯中轻雾缥缈，澄清碧绿，芽叶朵朵，亭亭玉立，观之赏心悦目，别有风趣。

竹木茶具能很好地保留茶的清香，而且没有异味，保温性好。

竹木茶具

历史上，广大农村包括茶区，都习惯用木罐、竹罐装茶，用竹或木碗泡茶，至今仍可见。特别是福建省武夷山等地的青茶木盒，在盒上绘制山水图案，制作精细，别具一格，既可以作为艺术珍品馈赠亲友，又不乏实用价值。

著名茶具产地

我国陶瓷业历史悠久，中国的英文名China可能是最初瓷器传入西方时"瓷"字的谐音。古代名窑颇多，不能一一介绍，只选与茶具关系密切的名窑，简介于此。

越窑

该名称最早见于唐人陆龟蒙的《秘色越器》一诗，系对杭州湾南岸古越地青瓷窑场的总称。其形成于汉代，经三国、西晋，至晚唐五代达到全盛期，至北宋中叶衰落。中心产地位于上虞曹娥江中游地区，始终以生产青瓷为主，质量上乘。陆羽《茶经·四之器》中评述茶碗的质量时写道："若邢瓷类银，越瓷类玉，邢不如越也；邢瓷类雪，则越瓷类冰，邢不如越二也；邢瓷白而茶色丹，越瓷青而茶色绿，邢不如越三也。"

邢窑

在今河北内丘、临城一带，唐代属邢州，故名。该窑始于隋代，盛于唐代，主产白瓷，质地细腻，釉色洁白，曾被纳为御用瓷器，一时与越窑青瓷齐名，世称"南青北白"。陆羽在《茶经》中认为邢不如越，主要因为他饮用蒸青饼茶，若改用红茶比较，或要反映真实的茶汤色泽，则结果正好相反，所以两者各有所长，关键在于与茶性是否相配。

钧窑

宋代五大名窑之一。在今河南禹县，此地唐宋时为钧州所辖而得名。始于唐代，盛于北宋，至元代衰落。以烧制铜红釉为主，还大量生产天蓝、月白等乳浊釉瓷器，至今仍生产各种艺术瓷器。

定窑

宋代五大名窑之一。在今河北曲阳涧磁村和燕山村，因唐宋时属定州而得名。唐代已烧制白瓷，五代有较大发展，白瓷釉层略显绿色，流釉如泪痕。北宋后期创覆烧法，碗盘器物口沿无釉，称为"芒口"。五代、北宋时期承烧部分宫廷用瓷，器物底部有"官""新官"铭文。宋代除烧白瓷外，还烧黑釉、酱釉和绿釉等品种。

汝窑茶荷，釉滋润，天青色，薄胎，茶落而声如磬，似玉非玉，赏茶同时亦可赏器。

南宋官窑

宋代五大名窑之一，宋室南迁后设立的专烧宫廷用瓷的窑场。前期设在龙泉（今浙江龙泉一带），后期设在临安郊坛下（今浙江杭州南郊乌龟山麓）。两窑烧制的器物胎、釉特征非常一致，难分彼此，均为薄胎，呈黑、灰等色；釉层丰厚，有粉青、米黄、青灰等色；釉面开片，器物口沿和底足露胎，有"紫口铁足"之称。16世纪末，龙泉青瓷在法国市场上出现，轰动整个法兰西，由于一时找不到合适的名称称呼它，只得用欧洲名剧《牧羊女》中男主角雪拉同所披的青色长袍来比喻，于是"雪拉同"成为青瓷的代名词。现在，龙泉窑又有了新的发展，杭州南宋官窑遗址处也建立了南宋官窑博物馆。

汝窑

宋代五大名窑之一，在今河南宝丰清凉寺一带，因北宋属汝州而得名。北宋晚期为宫廷烧制青瓷，是古代第一个官窑，又称北宋官窑。釉色以天青为主，用玛瑙入釉烧制技术，釉面多开片，胎呈灰黑色，胎骨较薄。

名器鉴赏

如果说收集茶壶是一种兴趣，那么品玩茶壶更是一种乐趣，它调节滋润着收藏者的生活。

紫砂是陶艺中的奇葩，壶以泥塑，泥以壶显。正是这些珍贵之泥，才使得自明代以来，制壶高手辈出，各逞屠龙之技，自出机杼，拔新领异，珍品迭现。

大彬壶

时大彬制壶

时大彬，明万历至清顺治年间人，是宜兴紫砂艺术的一代宗匠。他在泥料中掺入粗生泥粒子，其作品已达到了"诸款俱足，诸土色也俱足，不务妍媚而朴雅坚栗，妙不可思"。所制茗壶，千态万状，信手拈出，巧夺天工，世称"大彬壶"。

扁鲥壶

李仲芳制壶

时大彬有二徒，徐友泉和李仲芳，都是制壶名家，当时有"壶家妙手称三大"之誉。其中徐友泉，名士衡，有极高的文化素养和艺术造诣，善于广泛吸收古代造型艺术中的精华，尤其是对古代铜祭器的借鉴，使他的作品在自成一家的同时，又大大丰富了紫砂茶壶的造型种类。扁鲥壶就是其最具代表性的传世作品之一。

石瓢壶

顾景舟，现代杰出陶艺大师，"一代宗师，壶艺泰斗"，其技艺精湛，功力深厚，作风严谨，尤精简朴几何型类，对紫砂历史研究及传器鉴定有极高造诣。

石瓢壶为其代表作品，以质朴无华、典雅端庄而独占一席之地。"石瓢"最早称为"石铫"。"铫"在《辞海》中释为"吊子，一种有柄，有流（壶嘴）的小烹器"。后顾景舟引用"弱水三千，仅饮一瓢"，将"石铫"改称"石瓢"，以此相沿，均称"石瓢壶"。

顾景舟制壶

曼生壶

陈鸿寿，字子恭，号曼生，杭州人，清代篆刻家。能书善画，精于雕琢。他创制紫砂壶新样，设计多种造型简洁、利于装饰的壶形，"名士名工，相得益彰"，将紫砂创作导入另一境界，由此，紫砂历史上便出现了"曼生壶"。传世"曼生壶"无论诗、文，均写刻在壶的腹部或肩部，非常显眼，署款"曼生""曼生铭"或"阿曼陀室"等，也均刻在壶身上最引人注目的位置，格外突出。

束柴三友壶

陈鸣远，生于明末，出身紫砂世家，其作品更为精雅，风格上承明代精粹，下开清代格局，代表作品是束柴三友壶。所谓"束柴三友"，乃壶身仿似松、竹、梅三树段束为一体，含松之坚、竹之虚、梅之贞之意，乃文士之品，构思脱俗，技艺精绝。

曼生壶

131

陈鸣远制壶

宜兴紫砂壶逸事之供春做壶图

入门必备茶具

当饮茶进入艺术品饮时代，人们不仅讲究茶叶本身的色、香、味、形四佳，也开始讲究起茶具之完备、精巧，乃至茶具本身的艺术美，以增加人们的感官享受，达到心与茶的进一步调适和谐。

茶盘

茶盘是茶具里最有涵养和度量的好好先生，终生甘当配角，但这个配角不可或缺，有了茶盘，壶、杯、公道杯等才好登场，演绎出一场关于茶文化的好戏。

【功用】

茶盘就是放置茶壶、茶杯、茶道组、茶玩乃至茶食的浅底器皿，盛接泡茶过程中流出或倒掉的茶水。

【种类】

茶盘式样可大可小，形状可方可圆或作扇形；可以是单层也可以是夹层。茶盘选材广泛，金、木、竹、陶皆可取。以金属茶盘最为简便耐用，以竹制茶盘最为清雅相宜。此外还有檀木的茶盘，如绿檀、黑檀茶盘等。

【选择】

不管什么式样的茶盘，选择时要掌握四字诀：宽、平、浅、畅。就是盘面要宽，以便客人人数多时，增添茶杯；盘底要平，才不会使茶杯不稳，易于摇晃；边要浅，盘面要简洁，这都是为了衬托茶杯、茶壶，使之美观并且取用方便。

【使用】

❶ 单层茶盘使用时，需在茶盘下角的金属管上，连接一根塑料管，塑料管的另一端则放在废水桶里，排出盘面废水。

❷ 夹层茶盘也叫双层茶盘，上层有带孔、格的排水结构，下层有贮水器，泡茶的废水存放于此。但因为茶盘的容积有限，使用时要及时清理，以免废水溢出。

❸ 端茶盘时一定要将盘上的壶、杯、公道杯拿下，以免失手打破放在上面的茶具。

❹ 木质、竹制的茶盘使用完毕后用干布擦拭即可。木制茶盘古朴大方、工艺精湛，融实用、装饰、艺术于一体，已不仅仅是品茗泡茶的用具，更是一种美的文化享受。

茶盘要宽、平、浅、畅，选购时要注水试试。

气孔　壶钮
壶口　钮座　盖面　盖沿　过渡　流口
壶把　把基
把内圈
壶流
流茎
壶腹
壶底

茶壶

茶具中最重要也最显赫的便是茶壶了，茶壶可称作茶具之王。

【功用】

茶壶为主要的泡茶容器。

【种类】

茶壶的种类有紫砂壶、瓷壶、玻璃壶等。

【选择】

一把好茶壶应具备的条件有：

❶ 壶嘴的出水要流畅，收水果断，不溅水花，不流口水。壶盖与壶身要密合，茶壶口与出水的嘴要在同一水平面上。壶身宜浅不宜深，壶盖宜紧不宜松。

❷ 无泥味、杂味。

❸ 能适应冷热急遽之变化，不渗漏，不易破裂。

❹ 质地能配合所冲泡茶叶之种类，将茶的特色发挥得淋漓尽致。

❺ 方便置入茶叶，容水量足够。

❻ 泡后茶汤能够保温，不会散热太快，能让茶叶中的各种成分在短时间内适宜浸出。

【使用】

❶ 标准的持壶动作：拇指和中指捏住壶把，向上用力提壶，食指轻搭在壶盖上，不要按住气孔，无名指向前抵住壶把，小指收好。

手持壶动作：对于新手来说，可采用这种方法，即一手的中指抵住壶钮，另一手的拇指、食指、中指扶住壶把，双手配合。

❷ 无论哪种持壶方式都要注意，不要按住壶钮顶上的气孔。

133

盖碗

盖碗茶具又称三才杯。三才者，天、地、人。茶盖在上，谓"天"；茶托在下，谓"地"；碗居中，谓"人"。一副茶具便寄寓了一个小天地、小宇宙，包括古代哲人"天盖之，地载之，人育之"的道理。

【功用】

用来冲泡茶叶的盖碗。既可以用来做泡茶器具泡茶后分饮，也可一人一套，当作茶杯直接饮茶。

【种类】

盖碗有瓷、紫砂、玻璃等质地，以各种花色的瓷盖碗为多。

【选择】

选择盖碗时应注意盖碗杯口的外翻程度，外翻弧度越大越容易拿取，冲泡时不易烫手。

一般用瓷的盖碗比较多。

【使用】

❶ 温盖碗：左手持杯身中下部，右手按住杯盖，逆时针方向将杯旋转一周。再掀开杯盖，让温杯的水顺着杯盖流入水盂或茶盘，同时右手转动杯盖温烫。

❷ 饮用时，先用盖撩拨漂浮在茶汤中的茶叶，再饮用。

【茶事知多少】

古今关于茶具的概念稍有不同，我们现在所说的"茶具"，主要指茶壶、茶杯等饮茶器具，而在古代，"茶具"的概念包含更大的范围，其中包括制茶、盛茶、烘焙茶及与饮茶有关的器具，甚至包括茶人、茶舍。在各种古籍中可以见到的茶具有：茶鼎、茶瓯、茶磨、茶碾、茶臼、茶柜、茶榨、茶槽、茶宪、茶笼、茶筐、茶板等，《茶经》中所提到的就有28种之多。

用盖碗品茶时，杯盖、杯身、杯托三者不能分开使用，否则既不礼貌又不美观。

随手泡

绝大多数工夫茶要求用沸水冲泡，而饮水机或大型电茶炉里的"开水"一般只有80℃左右，不宜用来泡茶。随手泡是现代泡茶时最常用而方便的烧水用具。

【功用】

常用的煮水用具，可随时加热开水，以保证茶汤滋味。

【种类】

古代，泡茶的煮水器主要用风炉，而现代壶有不锈钢、铁、陶、耐高温的玻璃等质地，热源则有电热炉、电磁炉、酒精加热炉、炭炉等。

【选择】

一般来说，用不锈钢壶搭配电热炉和电磁炉最为常见；玻璃壶或陶壶则与酒精加热炉搭配；陶壶和铁壶可与炭炉搭配；铁壶还可以和电磁炉搭配使用。

【使用】

❶ 新壶尤其是陶壶和铁壶第一次使用前，应加水煮开，并多浸泡一些时间，以除去新壶中的土味及异味。

❷ 当在野外泡茶用电烧水不方便时，可考虑生炭火，用陶壶或者铁壶煮水即可。

135

电热炉

电磁炉

酒精加热炉

品茗杯

我国茶人自古就格外重视品茗时的精神感受，这在中国茶道艺术中几乎是至高无上的。

【功用】

品茗杯，茶杯也，用来品饮茶汤。

【种类】

常用的品茗杯有三种，一种是白瓷杯，一种是紫砂杯，还可以用玻璃杯，便于观赏汤色。

【选择】

品茗杯的选择有"四字诀"：小，浅，薄，白。小则一啜而尽；浅则水不留底；色白如玉用以衬托茶的颜色；质薄如纸以使其得以起香。

品茗杯不仅外形要有特色，要注重杯子的大小、壁厚程度、杯口的弧形等特征，还要注意在色泽上（特别是内壁色泽）更应宜茶。如品茗杯特别是工夫茶小杯，应拢指端杯有稳定感，品茗时有舒适的口感。

【使用】

❶ 取杯：拇指及食指分别在杯子两侧，中指顶住杯底。

❷ 温杯：

①手温杯法：将食指和大拇指抓住杯子两侧，中指顶住杯底，碗口向左，依次将第一杯倒翻在第二杯中转动四五周取出放在原位，以此类推。第二杯在第三杯中温洗，最后一杯返回在第一杯中温洗。

②茶夹温洗法：从卫生角度考虑，提倡用茶夹温洗品茗杯。先将茶夹夹住杯子左侧，向右翻倒，置放在第二杯中温洗，同上依次类推。

❸ 将茶水倒入品茗杯中，分三小口喝下去，鉴别茶汤的滋味。

茶好的品茗杯要小、浅、薄、白。

喝不同的茶用不同的茶杯。比如为便于欣赏普洱茶茶汤颜色，最好选用杯子内面是白色或浅色的茶杯。根据茶壶的形状、色泽，选择适当的茶杯，搭配起来也颇具美感。

有的茶杯是杯和杯托搭配使用，有的只有一个单杯。

茶杯"不薄则不能起香，不洁则不能衬色"。

公道杯

公道杯也称茶盅，是20世纪70年代开始使用的茶具。用公道杯分茶，茶汤均匀，每只茶杯分到的茶水一样多，以示一视同仁，童叟无欺，故称公道杯。

【功用】

公道杯，用来盛放泡好的茶汤，再分倒入各杯，使各杯茶汤浓度相同，滋味一致，同时能够沉淀茶渣。

【种类】

公道杯有瓷、紫砂、玻璃等质地，其中瓷、玻璃质地的公道杯最为常用。有些公道杯有茶柄，有些则没有，还有带过滤网的公道杯，不过大多数的公道杯都没有过滤网。

【使用】

❶ 泡茶时，为了避免茶叶长时间浸泡，致使茶汤太苦太浓，应将泡好的茶汤马上倒入公道杯内，随时分饮，以保证正常的冲泡次数中所冲泡的茶汤滋味大体一致。

❷ 公道杯的容量大小应与茶壶或盖碗相配，一般来说，公道杯的容量应该稍大于茶壶和盖碗。

公道杯有瓷、紫砂、玻璃质地，最为常用的是瓷质和玻璃质地的。

过滤网

过滤网又名茶滤、滤网，别看它小，在泡茶中发挥的作用可一点也不小。

【功用】

泡茶时放在公道杯口，用来过滤茶渣。

【种类】

有不锈钢、瓷、陶、竹、木、葫芦瓢等质地；过滤网壁由不锈钢细网、棉线网、纤维网罩等网面组成。

【使用】

泡茶后，用过的滤网应及时清洗。

滤网架

【功用】

用来放置滤网的器具。

【种类】

有瓷、不锈钢、铁等质地。滤网架的款式品种繁多，有动物形状、人手形状等，比较有装饰效果。

【选择】

铁质的滤网架容易生锈，最好选择瓷、不锈钢质地的滤网架。

【使用】

如果选择铁质的滤网架，用完要及时清洗、擦干，不宜长时间浸泡在水中。

瓷质茶滤

不锈钢茶滤

139

葫芦瓢茶滤

滤网架

茶巾

茶巾又称为茶布。

【功用】

用来擦拭泡茶过程中茶具上的水渍、茶渍，尤其是茶壶、品茗杯等的侧部、底部的水渍和茶渍。

【种类】

主要有棉、麻布等质地。

【选择】

挑选茶巾，要选择吸水性好的棉、麻质地的。

【使用】

❶ 折叠茶巾的方法一：将茶巾等分三段分别向内折；再等分四段对折。方法二：首先将茶巾等分三段，分别向内对折；再等分三段对折。

❷ 茶巾只能擦拭茶具，而且是擦拭茶具饮茶、出茶汤以外的部位，不能用来清理泡茶桌上的水、污渍、果皮等物。

折茶巾的方法

茶刀

茶刀又名普洱刀。

【功用】

用来撬取紧压茶的茶叶，在普洱茶中最常用到，是冲泡紧压茶时的专用器具。

【种类】

有不锈钢、牛角、骨等材质。

【选择】

茶刀最好选择刀锋不那么锋利的，可以防止过多地弄碎紧压茶条索。

【使用】

❶ 先将茶刀横插进茶饼中，用力慢慢向上撬起，用拇指按住撬起的茶叶取茶。

❷ 紧压茶一般较紧，撬取茶叶时要小心，以免茶刀伤到手。

茶具 高手必备

古往今来，好茶与好器，犹似红花绿叶，相映生辉。对一个爱茶人来说，不仅要会选择好茶，还要会选配好茶具。选购集泡茶良器与欣赏佳品于一身的各式茶具是一门学问。

闻香杯

【功用】

用来嗅闻杯底留香的器具，与品茗杯配套，质地相同，加一杯垫则为一套品饮组杯。

【种类】

以瓷器质地的为主，也有内施白釉的紫砂、陶制的闻香杯。

【选择】

闻香杯一般选用瓷的比较好，因为用紫砂的，香气会被吸附在紫砂里面。但从冲泡品饮来说，还是紫砂好。如果是单纯用来闻香气，最好选用瓷的闻香杯。

【使用】

❶ 闻香：将闻香杯的茶汤倒入品茗杯后，双手持闻香杯闻香。或双手搓动闻香杯闻香。

❷ 闻香杯通常与品茗杯、杯垫一起使用，几乎不单独使用。但有的茶具店会把单件的闻香杯放在茶桌上，起装饰效果。

闻香杯

倒出茶汤

闻香杯及品茗杯

搓动闻香杯闻香

茶道六用

【功用】

茶道具，以茶筒归拢的茶夹、茶漏、茶匙、茶则、茶针六件泡茶工具的合称。

茶针
疏通壶嘴堵塞。

茶夹
温杯以及需要给别人取茶杯时夹取品茗杯。

茶匙
从茶荷或茶罐中拨取茶叶。

茶则
从茶罐中量取干茶。

茶漏
放茶叶时放置壶口，扩大壶口面积防止茶叶溢出。

茶筒
盛放茶夹、茶漏、茶匙、茶则、茶针。

【种类】

通常以竹、木等制作。茶筒造型有直筒形、方形、瓶形等样式。

【选择】

选择茶道六用时可任凭个人喜好，瓶形的茶筒雅致、方形的古朴大方，最好能和其他茶具相映成趣，也增添了泡茶时的雅趣。

【使用】

❶ 取放茶道六用时，不可手持或触摸到用具接触茶的部位。

❷ 茶道六用是泡茶时的辅助用具，为整个泡茶过程雅观、讲究提供方便。

茶叶罐

当喝茶的人懂得茶罐的重要性时，就标志着他对茶文化称得上入门了。

【功用】

储存茶叶的罐子。

瓷罐

【种类】

常见的有瓷罐、铁罐、纸罐、塑料罐、搪瓷罐以及锡罐、陶罐。

瓷罐

【选择】

最重要的是密封性好，其次是质地无味，而且防潮、不透光。因为茶味易散，其性又非常容易吸潮，更易被别的气味异化，跑味或变味。

144

【使用】

❶ 根据不同的茶叶选择不同材质的茶罐，比如存放铁观音或茉莉花茶等香味重的茶，宜选用锡罐、瓷罐等不吸味的茶罐。而普洱茶在存放过程中需要与空气接触，产生缓慢变化，使香气与口感得到提升，因此存放普洱茶最好选用透气性好的纸、陶等质地的茶罐。

❷ 购买多种茶类时，最好分别用不同的茶叶罐装置，可在茶罐上贴张纸条，上面清楚写明茶名、购买日期等，方便使用。

❸ 新买的罐子，或原先存放过其他物品留有味道的罐子，可先用少许茶末置于罐内，盖上盖子，上下左右摇晃轻擦罐壁后倒弃，以去除异味。

锡罐

陶罐

盖置

【功用】

盖置又名盖托，泡茶过程中，用来放置壶盖的器具。可以防止壶盖直接与茶桌接触，减少壶盖磨损。

【种类】

盖置款式多种多样，有高些的紫砂木桩形、小莲花台等造型。

【使用】

使用盖置让泡茶更为讲究，但用过应立即洗净，否则茶渍明显，反而不雅。

盖置

145

杯垫

杯垫

【功用】

杯垫又名杯托，用来放置茶杯、闻香杯，以防杯里或底部的水溅湿桌子。还可以预防杯具磨损。

【种类】

杯垫种类很多，主要有瓷、紫砂、陶等质地，也有木、竹等质地，与品茗杯配套使用，也可随意搭配。

【使用】

使用后的杯垫要及时清洗，如果使用木制或者竹制的杯垫，还应通风晾干。

茶荷

茶荷

【功用】

茶荷的功用与茶则、茶漏类似，为暂时盛放从茶罐里取出的干茶的用具，但茶荷更兼具赏茶功能，茶艺表演中用来欣赏干茶。

【种类】

有瓷质、竹质、木质以及石质等，以内壁白色瓷质的最为常见，既实用又可当艺术品，一举两得。

【使用】

❶ 拿取茶叶时，手不能与茶荷的缺口部位直接接触。

❷ 标准拿茶荷姿势：拇指和其余四指分别捏住茶荷两侧部位，将茶荷放在虎口处，另外一手托住底部，请客人赏茶。

壶承

【功用】

壶承又名壶托，专门放置茶壶的器具。可以承接壶里溅出的沸水，让茶桌保持干净。

【种类】

有紫砂、陶、瓷等质地，与相同材质的壶配套使用，也可随意组合。壶承有单层和双层两种，多数为圆形或增加了一些装饰变化的圆形。

【使用】

将紫砂壶放在壶承里时，最好在壶承的上面放个布垫子，彼此不会磨损。

壶承

废水桶

【功用】

泡茶过程中，需要用一根塑料导管把水从茶盘里导出，废水桶就是用来贮放废水、茶渣的器具。

【种类】

一般有竹、木、塑料、不锈钢等材质。

【使用】

❶ 废水桶的上层是带孔的"筛漏"，用来隔离茶渣。"筛漏"层还有一圆柱形管口，可以连接导管，使废水流入桶里。

❷ 要注意清理废水桶里的废水，以免遗留茶渍。

废水桶

147

水盂

【功用】

水盂又名茶盂，废水盂。用来贮放泡茶过程中的废水、茶渣。功用相当于废水桶、茶盘。

【种类】

有瓷器、陶器等质地。

【使用】

❶ 如果没有茶盘和废水桶，可以使用水盂来承接废水和茶渣，简单又方便。

❷ 水盂容积小，因此要及时清理废水。

水盂

紫砂壶的选购与保养

紫砂壶

紫砂壶将功能性实用品与欣赏性艺术品集于一身，壶艺爱好者在选购紫砂壶时，应遵循以下原则：紫砂壶用于泡茶的功能性是优先考虑的。优良的实用功能是指其容量恰当；壶把便于端拿，重心稳当；口盖严谨，出水流畅；让品茗沏茶可以得心应手。

选购时，还应考虑其实用性及艺术性兼具。茶壶的造型变化多端、层出不穷，由于市场的变革，使得许多茶壶徒有外形，而根本谈不上基本的实用要求。茶壶的好坏不能以价格的高低去衡量。璞石之中含有璧玉，从一个创作者的作品，可看出其精神内涵和所下的苦心，这是需要具慧眼者与其产生共鸣的。

【紫砂壶的工艺性】

一把好的紫砂壶除了壶的嘴、把、钮、盖、肩、腹、足，还有长短、粗细、高矮、方圆、线条的曲直刚柔和稳重饱满，都应与壶身整体比例协调。注意观察壶面是否圆润、光滑而又有质感。用手触摸壶内壁，看是否精细，察看壶盖是否有破损，壶身倾注是否落帽，总体上感觉壶形是否自然。

【紫砂壶的艺术性】

一把好的紫砂壶，除了讲究形式的完美与制作技巧的精湛，还要审视纹样的适合，装饰的取材以及制作的手法。既要方便使用，又要能够陶冶性情，启迪心灵，给人油然而生的艺术感受。

【制作细节考究】

壶身线面修饰平整、内壁收拾利落，落款明确端正。通常，判断一件紫砂壶的做工精良与否，都可从外观上审视陶手是否用心将壶身线条、转折、棱线修饰得漂亮规整。还有，此壶的落款是否大小得宜、位置适中、深浅合度，亦是重要参考。

【壶随字贵，字随壶传】

唐代著名书画理论家张彦远曾说："自然者为上品之上。"可见陶刻艺术的最高境界也应是以不留刻意雕琢痕迹来表现美，而是通过刀

紫砂壶

来表现笔情墨趣，不加粉饰，使紫砂尽显古雅绝伦之美。"壶随字贵，字随壶传"，一语便深刻道出了"壶"与"字"的关系，陶刻与紫砂，墨海壶天，相得益彰。

【养壶：怡情养性】

一把价格昂贵的紫砂壶如不细细养护，其价值也会随着时间的流逝而大打折扣。养壶是茶事过程中的雅趣之举，其目的虽在于"器"，但主角仍是"人"。养壶即养性也，"养壶"之所以曰"养"，正是因其可"怡情养性"。

新壶初用，不免有点土味，可用细纱布稍加摩擦，用水清洗后，放入较浓的茶叶水里煮沸晾干，如此再三，即可沏茶。不论新壶、旧壶，用开水沏茶后，趁壶体表面温度较高，可用湿毛巾或干净湿布擦抹壶体，水印旋擦旋干，反复多次，壶体温度降后，亦可用手摩挲，因手掌有油汗，有利于壶体光润。如此坚持三四月后，新壶大体可发"温润之光"。

细选茶叶，入紫砂壶润泡，耳边是否飘起唐人卢仝的"七碗茶歌"呢？

一碗喉吻润，二碗破孤闷。

三碗搜枯肠，惟有文字五千卷。

四碗发轻汗，平生不平事，尽向毛孔散。

五碗肌骨清，六碗通仙灵。

七碗吃不得也，唯觉两腋习习清风生。

蓬莱山，在何处？

玉川子乘此清风欲归去。

在饮茶时，可把茶汤浇在紫砂壶上，这样茶汤容易被壶热蒸发，同时，也容易被壶体表面吸收，或在每天清洗茶壶茶具时，用壶中的茶渣在壶体周身润擦一遍，既可擦去壶身茶垢结渣痕，又能经湿茶叶水磨，使壶体光润亮泽。在日积月累的茶汁浇洗下，紫砂壶才会越发柔和绚丽，人称此法为"茶汤养壶"。

三平法选壶：壶的嘴、钮、把，三点成一线，上下落差不得大于 5 毫米。壶嘴不能低于壶口，壶把应和壶口相平。另外，上把与下把要在同一垂直线上。

鉴赏紫砂壶款，一是鉴别壶的作者，或题诗镌铭的作者；二是欣赏题词的内容、镌刻的书画、印款（金石篆刻）等。

紫砂壶是需要"养"的，要煮、要烫、要用茶汤滋润，定期用茶巾摩挲，才会越发有光泽，有灵性。

古人对泉水的评判有『八大功德』之说：即一清、二冷、三香、四柔、五甘、六净、七不噎、八痾。但历代鉴水专家对水的判定很不一致，归纳起来，其共同之处就是源清、水甘、品活、质轻。

第二章
宜茶之水有讲究——评水

好茶离不开好水，自古就有"水为茶之母"之说。明人许次纾在《茶疏》中说："精茗蕴香，借水而发，无水不可论茶也。"

精茶与真水的融合，才能泡出一杯好茶。喝出韵味，喝出情分，喝出空灵，拥有极致的茶享受，这才是最美的茶境界。

好水标准

品茶必先试水，水质能直接影响茶汤的品质，水质欠佳，茶叶中的各种营养成分会受到影响，以致闻不到茶的清香，尝不到茶的甘醇，看不到茶的晶莹。水之于茶，犹如水之于鱼一样，"鱼得水活跃，茶得水更有其香、有其色、有其味"，所以自古以来，茶人对水津津乐道，爱水入迷。只有符合"清、活、甘、轻、冽"五个标准的水才算得上是好水。

清

宜茶用水，以"清"为本。"清"是指水质洁净澄澈，水之清的表现是"朗也、静也、澄水貌也"，水质清洁、无色、透明、无沉淀物才能显出茶的本色。

唐代陆羽的《茶经·四之器》中所列的漉水囊，就是用来滤水用的，使煎茶之水清净。宋代"斗茶"，强调茶汤以"白"取胜，更是注重"山泉之清者"。明代熊明遇用石子"养水"，目的也在于滤水。

活

"活"是指有源头、常流动的水，在活水中细菌不易大量繁殖，泡出的茶汤滋味更鲜爽。

宋代唐庚《斗茶记》中写道："水不问江井，要之贵活。"南宋胡仔《苕溪渔隐丛话》则说："茶非活水，则不能发其鲜馥。"明代顾元庆《茶谱》有云："山水乳泉漫流者为上。"这些都说明试茶水品，以"活"为贵。

甘

"甘"是指水含在口中给人的甜美感觉，不能有咸味或苦味。北宋重臣蔡襄所著的《茶录》中认为："水泉不甘，能损茶味。"明代田艺蘅在《煮泉小品》中说："甘，美也；香，芬也。味美者曰甘泉，气芬者曰香泉。泉惟甘香，故能养人。"

古人认为雨水富有营养并有甜味，而江南梅雨时的雨水最甜。明代罗廪在《茶解》中说："梅雨如膏，万物赖以滋养，其味独甘，梅后便不堪饮。"此外，古人还讲究用雪水煎茶，一是取其甘甜，二是取其清冷。陆羽品水，也认为雪水是很好的煮茶用水。

轻

"轻"是指分量轻，比重较轻的水中所溶解的钙、镁、钠、铁等矿物质较少。矿物质溶解得越多，特别是镁、铁等离子越多，泡出的茶汤越苦涩，所以水轻为佳。

在天然水中，雪水、雨水适宜煮茶。分析表明，雨水雪水是软水，硬度低，比较洁

茶性发于水，八分之茶，遇十分之水，茶亦十分；八分之水，遇十分之茶，茶只八分。

净。泉水、溪水、江河水，多为暂时硬水。一般来说，通过煮沸可以变为软水的硬水称为暂时硬水。

冽

冽是指水在口中使人有清凉感。因为寒冽之水多出于地层深处，更为洁净，泡出的茶汤滋味纯正。明代陈眉公《试茶》诗中就有"泉从石出清且冽，茶自峰生味更圆"的说法。

水为茶之母，好茶离不开好水。清活灵动的山泉水是泡茶之首选。

宜茶之水

陆羽指出："其水，用山水（即泉水）上，江水中，井水下。"可见宜茶之水是有不同的品级的。

山泉水

山泉水

沏茶以泉水为最好，因为泉水是经过很多砂岩层渗透出来的，相当于多次过滤，不再存有杂质，水质软，清澈甘美，且含有多种矿物质，以此水沏茶，汤色明亮，并能充分地显示出茶叶的色、香、味。但山泉水不是随处可得，对多数爱茶人而言，只能视条件去选择宜茶之水了。

江河湖水

在远离人烟，又植被生长繁茂之地，洁净的溪水、江水、河水、湖水仍不失为沏茶的好水。

江河湖水

唐代白居易在诗中说："蜀茶寄到但惊新，渭水煎来始觉珍。"明代许次纾在《茶疏》中更进一步说："黄河之水，来自天上。浊者土色，澄之即净，香味自发。"言下之意即使浑浊的黄河水，只要经澄清处理，同样也能使茶汤香高味醇。这种情况，古代如此，现代也同样如此，只是现在水污染比较严重，取水一定要来自洁净之地才可以。

井水

井水

井水则要视地下水源而论，城市井水，易受周围环境污染，用来沏茶，会有损茶味。若能汲得活水井的水沏茶，同样也能泡得一杯好茶。京城文华殿东大庖井，水质清明，滋味甘爽，曾是明清两代皇宫的饮用水源。福建南安观音井，曾是宋代的斗茶用水，如今犹在。

雪水和雨水

雪水和雨水，古人称之为"天泉"，尤其是雪水，更为古人所推崇。唐代白居易的"扫雪煎香茗"，宋代辛弃疾的"细写茶经煮茶雪"，清代曹雪芹的"扫将新雪及时烹"，都是赞美用雪水沏茶的。

至于雨水，一般来说，因时而异：梅雨"甘滑"，是雨水中的上品；秋雨"清冽"，较为逊色；夏雨水味"走样"，水质不净，不宜饮用。无论是雪水还是雨水，只要空气不被污染，都是沏茶的好水。可惜，以当今环境污染之重，能取得好的雪水和雨水的地方和机会不多了。

自来水

用自来水沏茶，最好用无污染的容器，先贮存一天，待氯气散发后再煮沸沏茶，或者采用净水器将水净化，还可以用木炭、竹炭、活性炭之类的过滤一下。经处理过的自来水烧开后泡茶，基本上能保持茶叶应有的色、香、味。

矿泉水

质地优良的矿泉水也是较好的泡茶用水。矿泉水的选取以近地原则为主，因为本地水泡本地茶比较合适。市场上销售的矿泉水，以矿物质含量较低的为宜。

纯净水

用纯净水泡茶，因为其净度好、透明度高，沏出的茶汤晶莹澄澈，而且香气滋味纯正，无异杂味，鲜醇爽口。市面上纯净水品牌很多，大多数都宜泡茶使用。

雪水和雨水

自来水

矿泉水　　　　　　纯净水

茶水交融

活水仍须活火煮

煮茶要诀，"水常先求，火亦不后"。苏东坡诗云："活水仍须活火烹。"活火，就是炭有焰，其势生猛之谓也。但目前煮水基本上已经用电取代。

泡茶烧水要武火急沸，不要文火慢煮，以刚煮沸起泡为宜，用这样的水泡茶，茶汤、香味皆佳。

识辨水温

古往今来，人们都知道用未沸的水泡茶固然不行，但若用多次回烧以及加热时间过久的开水泡茶也会使茶叶产生"熟汤味"，致使口感变差。陆羽《茶经》写道："沸，如鱼目，微有声为一沸，缘边如涌泉连珠为二沸，腾波鼓浪为三沸，已上水老不可食。"意即煮茶时不可超过三沸，否则就煮过头了，不可再饮。

水温对茶的影响

古人认为最适宜泡茶的水为刚煮沸起泡的水，这种水煮出来的茶，色、香、味俱佳。烧水，要大火急沸，不要慢火煮。如果水沸腾过久，会使煮（泡）的茶的鲜爽度大打折扣。

古人对于煮水的要求是有科学道理的，水的温度不同，茶的色、香、味也就不同，泡出的茶叶中的营养成分也就不同。温度过高，会破坏茶叶所含的营养成分，茶汤的颜色不鲜明，味道也不醇厚；温度过低，不能使茶叶中的有效成分充分浸出，成为不完全茶汤，其滋味淡薄，色泽不美。

陆羽说水有"三沸"：一沸、三沸之水不可取，二沸之水最佳，即是当壶边缘水像珠玉在泉池中跳动时取用。

根据茶叶来定泡茶水温和冲泡时间

绿茶

红茶

青茶

水温：75~100℃

冲泡时间：30秒~1分钟

水温：95~100℃

冲泡时间：30秒~1分钟

水温：85~100℃

冲泡时间：30秒

黄茶

白茶

黑茶

水温：75~100℃

冲泡时间：30秒~1分钟

水温：75~100℃

冲泡时间：30秒~1分钟

水温：100℃

冲泡时间：1~2分钟

圆石磨边转片时，晴雷隐隐玉云飞。

龙身带入波涛里，化作清风去不归。

——[宋]王镃《茶》

第三章

悬壶高冲清香起——泡茶

好茶加上好的冲泡方法，才能泡出一杯更有韵味的茶汤。

这一章，用一步一图的方式，详细解读了15种名茶的冲泡方法，涵盖了绿茶、乌龙茶、黑茶、红茶、白茶、黄茶和花茶，展示了不同茶类的冲泡技艺。同时，还讲解了壶泡、盖碗泡、玻璃杯泡、工夫茶艺、飘逸杯泡、冷水泡几种不同茶艺，以适应现代生活中多样的品茶场景。

除了直观的图文，还可扫描书中的二维码，获得代表性茶品的茶艺演示视频。你会发现，要泡一杯好茶，并没有想象中的那么复杂。

茶法演变

我国饮茶方法先后经过烹茶、点茶、泡茶以及当代饮法等几个阶段。

唐代，饮茶渐渐在百姓中流传开来，尤其在中唐之后，饮茶风俗日盛，茶成为国饮。唐代饮茶以烹煎为主，将茶饼碾碎成末再饮。这种方式一直延续至宋代，宋人点茶技艺更加高超。元末明初，散茶开始被人们接受，用沸水冲泡散茶的饮茶方式走进了人们的生活。

烹茶法

唐人饮茶已开始注重品饮艺术，这与唐之前茶主要作为药用或者是粗放型的解渴的饮用形式相比，是一个质变的过程。唐朝茶的发展是从以茶为药开始，到以茶为羹再到茶之为品饮的演变过程，而这个过程的里程碑就是《茶经》。

唐人饮茶讲究鉴茗、品水、观火、辨器。在饮茶方式上，唐代有煎茶、庵茶[①]、煮茶等方式。

①即以茶置瓶或缶（一种细口大腹的瓦器）之中，灌上沸水淹泡，唐时称"庵茶"。

陆羽式煎茶法在中晚唐很流行。白居易《睡后茶兴忆杨同州》诗云："白瓷瓯甚洁，红炉炭方炽。沫下曲尘香，花浮鱼眼沸。"

烹法是陆羽在《茶经》里所大力提倡的一种烹煎方法，其茶主要用饼茶，碾罗成末之后，将茶末投入煮沸的茶釜中直接煎煮。

煮茶分为三个阶段，即"三沸"。当水煮到出现鱼眼大的气泡，并微有沸声时，是第一沸。这时根据水的多少加入适量盐调味，尝尝水味，不要因为味淡而多加盐。当锅边缘连珠般的水泡向上冒时，是第二沸。舀出一瓢开水，用竹夹在水中搅动形成水涡，使水沸度均匀，用量茶小勺量取茶末，投入水涡中心，再加搅动。过一会儿，水面波浪翻腾着，溅出许多沫子时，也就是第三沸了。将原先舀出的一瓢水倒回去，使开水停沸，生成茶沫。此时，要把茶沫上形似黑云母的一层水膜去掉，因为它的味道不正。而且"三沸"之后，不宜接着煮，因为水已煮老，不能再饮用，煮茶的水不能多加，否则味道就淡薄了。

点茶法

此法即宋代斗茶所用，茶人自吃亦用此法。这时不再直接将茶熟煮，而是先将饼茶碾碎，置碗中待用。以釜烧水，微沸初漾时即冲点碗。

为了使茶末与水交融一体，人们发明一种工具，称为"茶筅"。茶筅是打茶的工具，有金、银、铁制，大部分用竹制，文人美其名曰"搅茶公子"。水冲放茶碗中，用茶筅快速搅拌击打茶汤，这时水乳交融，泡沫浮于汤面，皤皤然如堆云积雪。茶的优劣，以泡沫出现是否快，水纹露出是否慢来评定。泡沫洁白，水纹晚露而不散者为上。这时茶乳融合，水质浓稠，饮下去盏中胶着不干。

泡茶法

明清茶人继承了唐宋茶人的饮茶修道思想，开始流行壶泡，即置茶于茶壶中，以沸水冲泡，再分斟到茶盏中饮用。泡茶法绵延至今，为民间广泛使用。

如今，茶的品种繁多，红茶、绿茶、花茶，冲泡方法皆不尽相同，各地泡茶之法亦大有区别。大体说，以"发茶味，显其色，不失其香"为要旨。浓淡亦随各地所好。

近年来多流行用袋装泡茶，发味快，而又避免渣叶入口，也是一种创新。饮茶既是精神活动，也是物质活动。茶艺亦不可墨守成规，以为只有繁器古法为美。但无论如何变，总要不失茶的要义，即健康、友信、美韵。

绿茶的几种泡法

【上投法】

即烫杯之后，先注水七分满，再将茶叶拨入水中。适合于比较细嫩、毫毛多的茶叶，如碧螺春。

【中投法】

即烫杯之后，注入1/3杯水，再把茶叶放进水中，摇一摇，润湿后，待干茶吸水伸展后再冲水至七分满。中投法适用于冲泡茶形松展的名优绿茶，如顾渚紫笋、黄山毛峰等。

【下投法】

即烫杯之后，先放茶叶，然后注少量的水进行温润泡，再将水冲至七分满。茶叶在水的作用下，上下翻滚，逐渐回归沉浮，茶叶经过高温到低温的变化，再续水时，还会"舞蹈"起来。下投法适合比重轻、不易沉入水中的茶叶，如西湖龙井、信阳毛尖等。还有一些条形紧结、不易析出滋味的茶叶，也可采用下投法。

泡茶技巧

泡茶的水温

不同类的茶，要用不同的水温。水温低，茶叶滋味成分不能充分溶出，香味成分也不能充分散发出来；水温过高，尤其加盖长时间闷泡嫩芽茶时，易造成汤色和嫩芽变黄，茶香也变得低浊。

茶叶的用量

茶叶用量的多少，关键是掌握茶与水的比例，茶量放得多，浸泡时间要短，茶量放得少，浸泡时间要长。这时如果水温高，浸泡时间宜短，水温低，浸泡时间要加长。刚开始喝茶的人，不妨多试几种用量，找到自己最中意的那一款，然后作为标准固定下来。

冲泡时间和次数

茶叶不宜浸泡过久，最好是即泡即饮，否则有益成分被氧化，不但减低营养价值，还会泡出有害物质。一般来说，绿茶以冲泡2～3次为好，青茶则可5～9次，陈年普洱有的能泡二十多次。

注水方式

冲茶，要沿泡茶器口内缘冲入沸水，水柱不能从器心直冲而入，因为那样会"冲破茶胆"，破坏茶的味道。冲茶要像书法，不急不缓，一气呵成。

水壶和泡茶器的距离要大，这样叫"高冲"。"高冲"能使热力直透器底，使茶沫上扬，不仅美观，也能让茶味更香。简言之，注水低缓茶汤较绵软，提壶高冲茶气足些。

泡茶时茶量要适中，应给予茶叶舒展的空间，使其将香气和滋味充分溶释。

茶艺仪程

对于冲泡艺术而言，非常重要的一点是讲究理趣并存的程序，讲究形神兼备。茶艺仪程可分为：备茶、置茶、润茶、奉茶、品茶、续水、收具。

备茶

以茶待客，要事先备上好茶。所谓"好茶"，包含两个方面：

❶ 茶叶的品质。以茶待客，要把上等的好茶奉献给客人。

❷ 择茶要根据客人的喜好。待客时，可事先了解或当场询问客人的喜好。

置茶

置茶最好还是用茶匙搁茶。

润茶

置茶后，注入沥茶水湿透茶叶，部分茶也可立即将壶杯中的茶水倒掉。这时茶叶已吸收了热量与水分，原来的"干茶"变成了含苞待放的"湿茶"，品茶者就能欣赏茶叶的"汤前香"了。

奉茶

由于中国南北待客礼俗各有不同，因此可不拘一格。最常用的是双手奉茶。奉茶时要注意先长后幼，先客后主。斟茶时不要太满，"茶倒七分满，留下三分是情意"。七分满的茶杯好端，不易烫手。同时，在奉有柄茶杯时，一定要注意茶杯柄的方向是客人的顺手面，方便客人用右手拿柄。

品茶

品茶包括四方面内容：一审茶名，二观茶形色泽，三闻茶香，四尝滋味。品茶不光是品尝茶的滋味，在了解茶的知识和文化的同时，还能提高品茶者的自身修养，并增进茶友之间的感情。

续水

日常沏茶，无论绿茶、红茶、青茶、花茶，一般以冲泡三次为宜，以充分利用茶叶中的有效成分。沏茶次数过多，则茶汤色淡，也无营养成分，甚而有害健康。

收具

收具是在品茶结束后，将茶具进行整理和清洁，可在客人离开后进行。

双手奉上一杯茶，恭敬心与友谊在此间传递。

茶艺分类

壶泡茶艺

　　紫砂壶保温性能好，透气度高。用紫砂壶泡茶能充分显示茶叶的香气和滋味，常用作泡青茶、普洱茶等。以普洱茶为例，介绍壶泡茶法。

1 洁具
在冲泡前，先烫洗器皿。

2 置茶
将茶拨入紫砂壶中。

3 润茶
将水倒入紫砂壶中再倒掉，起到唤醒茶叶的目的，又称醒茶。

4 冲泡
冲泡手法因茶而异。这里演示的是普洱茶的冲泡。

5 出汤
将茶汤通过过滤网倒入公道杯。

6 分茶
将公道杯中冲泡好的茶汤均匀分入品茗杯中。

Tips

备器：陶壶，品茗杯，茶巾，茶盘，茶匙、滤网、公道杯、茶荷

选茶：普洱茶

习茶课堂

❶ 为了使普洱茶香味更加纯正，有必要先行润茶（也叫醒茶），润茶的速度一定要快，以免影响茶汤滋味。

❷ 泡茶时间不宜过久，浸泡过久的茶汤会破坏茶叶特有的香气和滋味，过浓的茶汤对身体不利。

❸ 泡茶四字诀：低、快、匀、尽。出茶不可高，高则香味散失，泡沫四起，对客人不敬；快，使香味不容易散失，且可保持茶汤热度；匀，表示对客人一视同仁；尽，茶水沥尽，茶叶不浸泡过久，茶汤不会苦涩。

165

7 奉茶
将茶敬奉给大家。

8 赏茶
普洱茶的茶汤，色如红酒，美如琥珀。

9 闻香
闻普洱茶特有的陈香。

10 品茗
细细品味普洱茶特有的历史感。

盖碗茶艺

用盖碗泡茶，因盖碗为白瓷制作，故有不吸味、导热快等优点。使用盖碗泡茶，主要是要注意茶叶的投置量，不过现在市场有售"五克"量、"七克"量、"十克"量等不同容量的盖碗，很容易就能根据自己所买的盖碗来决定投茶量。

盖碗泡茶法简便，易学，实用，且高雅而优美。这套茶艺共八道程序。

Tips

备器：盖碗，品茗杯，茶巾，茶盘，茶匙
选茶：武夷岩茶（大红袍）

1 洗杯——白鹤沐浴
用开水洗净茶杯，并提高茶杯的温度。

2 落茶——乌龙入宫
投茶在武夷山称为"落茶"，投茶的量可根据个人爱好灵活掌握，一般为5～7克。

3 冲茶——高山流水
把开水壶提高向杯中注入开水，冲茶时最好能使茶叶随开水在杯中旋转。

4 刮沫——春风拂面

用杯盖刮去浮在杯面的泡沫（第一泡为润茶，一般不喝。武夷岩茶第一泡时泡沫较多，这为正常现象，以后几泡泡沫少）。

习茶课堂

❶ 初用盖碗时，容易烫手，使杯中茶汤倒之不尽，会使茶汤显老，应多加练习。

❷ 盖碗使用过程：一启：掀盖；二收：纳茶；三扣：分茶；四运：运碗；五落：回收。

5 巡茶——关公巡城

泡茶1~3分钟后把盖碗中的茶汤依次倒进嘉宾的品茗杯。

6 点茶——韩信点兵

将盖碗中剩余的茶汤一点点地滴注到各品茗杯中，使每杯茶都浓淡均匀。

7 看茶——赏色闻香

观赏茶汤的色泽，并闻碗盖上的留香。

8 品茶——品啜甘露

品武夷岩茶要边啜边嗅，浅尝细品，才能感受到无比美妙的茶韵。

167

玻璃杯泡茶艺

玻璃杯冲泡绿茶，茶叶的形态尽收眼底，能让喝茶者饱享眼福。而且玻璃杯取之随意，价格低廉，可随时随地泡茶饮用，达到眼福与口福的双重享受。

Tips

备器：玻璃茶杯，随手泡，茶盘，茶巾，茶匙

选茶：安吉白茶

习茶课堂

❶ 安吉白茶投茶量一般为茶水比1:50左右。

❷ 泡茶时加水到七八成满，趁热饮用，当喝到杯中尚余1/3左右茶汤时，再加水，这是二泡，这样可使前后茶汤浓度比较均匀。饮至三泡，则一般茶味已淡。

❸ 玻璃杯冲泡绿茶最好在10分钟内喝完。

1 洗杯——冰心去凡尘
茶，至清至洁，是天涵地育的灵物，泡茶要求所用的器皿也必须至清至洁。"冰心去凡尘"就是用开水再烫一遍本来就干净的玻璃杯，做到茶杯冰清玉洁，一尘不染。

2 凉汤——玉壶养太和
安吉白茶属于绿茶类，因为茶叶细嫩，若用滚烫的开水直接冲泡，会破坏茶芽中的维生素并造成熟汤失味。只宜用稍低水温的开水。"玉壶养太和"是把随手泡的盖打开，让壶中的开水养一会儿，使水温降至80℃左右。

3 投茶——清宫迎佳人
苏东坡有诗云："戏作小诗君勿笑，从来佳茗似佳人。""清宫迎佳人"就是用茶匙把茶叶投放到冰清玉洁的玻璃杯中。

4 润茶——甘露润莲心
好的绿茶外观如莲心，乾隆皇帝把茶叶称为"润心莲"。"甘露润莲心"就是在开泡前先向杯中注入少许热水，起到润茶的作用。

5 冲水——凤凰三点头
冲泡绿茶时也讲究高冲水，在冲水时水壶有节奏地三起三落，好似凤凰向客人点头致意。

6 泡茶——碧玉沉清江
冲入热水后，茶先是浮在水面上，而后慢慢沉入杯底，我们称之为"碧玉沉清江"。

7 奉茶——仙人捧玉瓶
说中仙人捧着一个瓶，瓶中的甘露可消灾祛病，救苦救难。把泡好的茶敬奉给客人，意在祝福好人一生平安。

8 赏茶——春波展旗枪
杯中的热水如春波荡漾，在热水的浸泡下，茶芽慢慢地舒展开来，尖尖的芽如枪，展开的叶片如旗。在品绿茶之前先观赏茶芽在清碧澄净的茶水中随波晃动，千姿百态，好像有生命的绿精灵在舞蹈，十分生动有趣。

9 闻茶——慧心悟茶香
品绿茶要一看、二闻、三品味，在欣赏"春波展旗枪"之后，要闻一闻茶香。绿茶与花茶、青茶不同，它的茶香更加清幽淡雅，用心灵去感悟，能嗅到春天的气息，以及清醇悠远、难以言传的生命之香。

10 品茶——淡中品致味
绿茶的茶汤清纯甘鲜，淡而有味，虽不似红茶那样浓艳醇厚，也不像青茶那样酽韵醉人，但只要你用心去品，就一定能从淡淡的绿茶香中品出天地间至清、至醇、至真、至美的韵味来。

工夫茶艺

所谓工夫茶，是指泡茶的方式极为讲究，操作起来需要一定的时间和技艺。工夫茶中包含着沏泡的学问，品饮的造诣。工夫茶起源于宋代，是融精神、礼仪、沏泡技艺、巡茶艺术、评品质量为一体的茶道形式。

Tips

备器：紫砂壶，品茗杯，杯托，茶盘，茶巾，茶匙

选茶：安溪铁观音

习茶课堂

品饮青茶时，茶杯讲究香橼小杯，一般不使用较大的品茗杯。青茶宜以小杯分三口以上慢慢细品。乘热细啜，先嗅其香，后尝其味，边啜边嗅，浅斟细饮。饮量虽不多，但能齿颊留香，喉底回甘，别有情趣。

1 沸煮山泉
泡茶以山泉水为上，冲泡安溪铁观音用活火煮开为宜，这样最能体现铁观音独特的香韵。

2 孟臣沐霖
即烫洗紫砂壶。孟臣是明代紫砂壶制作家，后人把名茶壶喻为孟臣壶。

3 观音入宫
把茶叶装入紫砂壶。

4 悬壶高冲
提起水壶，对准紫砂壶，先低后高冲入，使茶叶随着水流旋转而充分舒展。

5 微风拂面
用壶盖轻轻刮去表面白沫，使茶叶清新洁净。

6 重洗仙颜
用开水浇淋紫砂壶，既洗净壶外表，又提高壶温。

7 关公巡城
把茶水依次巡回均匀地斟入各杯里，斟茶时应低行。

8 韩信点兵
壶中茶水斟到剩下壶底最浓部分，要均匀地一点一点滴到各杯里，达到浓淡均匀，香醇一致。

9 敬奉香茗
双手端起杯托，向宾客朋友敬奉香茗。

10 品啜甘霖
观其色，赏心悦目。闻其香，清气四溢。呷上一口含在嘴里，慢慢送入喉中，顿觉满口生津，齿颊留香，六根开窍清风生，飘飘欲仙最怡人。

飘逸杯泡茶艺

因为工夫茶饮起来太费工夫，很多场合不便进行。使用飘逸杯泡法，就方便多了。

飘逸杯泡法尤其适合办公室使用。放置一定量的茶叶后，冲泡好，倒入杯中品饮。或者直接大杯冲泡，浓淡随意。

Tips

备器：飘逸杯，品茗杯，茶巾，茶匙
选茶：西湖龙井

1 初识仙姿
龙井茶外形扁平光滑，享有色绿、香郁、味醇、形美"四绝"之盛誉。

172

2 静心备具
冲泡绿茶要用透明无花的飘逸杯，以便更好地欣赏茶叶在水中上下翻飞、翩翩起舞的仙姿，观赏碧绿的汤色、细嫩的茸毫，领略清新的茶香。

3 悉心置茶
用茶匙轻轻取出茶叶，每杯茶2~3克。茶与水的比例适宜，冲泡出来的茶才不失茶性。

4 温润茶芽
回旋着向杯中斟水，以1/4~1/3杯为宜，温润的目的是浸润茶芽，使干茶吸水舒展，"茶滋于水，水藉于器"，为将要进行的冲泡打好基础。

5 悬壶高冲
温润的茶芽已经散发出一缕清香，这时高提水壶，让水直泻而下，看茶叶在水中翻动。

6 辨香识韵
透过飘逸杯，看着上下沉浮的茸毫，看着碧绿的清汤，看着娇嫩的茶芽。闻其香，则是香气清新醇厚，无浓烈之感。

7 甘露敬宾
客来敬茶是中国的传统习俗，也是茶人所遵从的茶训。将自己精心泡制的清茶与新朋老友共赏，别是一番欢愉。

8 再悟茶语
绿茶大多冲泡三次，以第二泡的色香味最佳。龙井茶初品时会感清淡，细品慢啜，慢慢领悟，才能渐渐体会到齿颊留芳、甘泽润喉的感觉。

习茶课堂

冲泡时间因水温和茶叶的品种、老嫩不同而有所区别。绿茶讲究80℃左右的水温所泡出的汤为最佳；茶叶越嫩绿，水温越低。水温过高，易烫熟茶叶，茶汤变黄，滋味较苦；水温过低，则香味低淡。

冷水泡茶

旅游途中，不便得到开水，此时不妨采用冷水泡茶法。炎炎夏日，将泉水放冰箱冷藏后取出泡茶，也能体味一丝清凉。

Tips

备器：旅行茶具一套

选茶：蒙顶甘露

1 洁具
将水冲入小盖碗、公道杯、茶杯。将盖碗和茶杯的水倒出至茶盘中。

2 置茶
将茶叶放入盖碗中。

3 注水
倒入准备好的干净冷水（纯净水、山泉水为佳）。

4 出茶
把茶汤倒入公道杯。

5 分茶
分别将茶倒进品茗杯。

6 奉茶
请客人喝茶。

习茶课堂

❶ 可以用常温水，冷藏一下口感更好。

❷ 适合户外旅行以及夏日饮用。

❸ 每种茶叶都适合用冷水泡茶，一般来说，发酵时间愈久，茶中的含磷量就相对愈高，冷泡茶应尽量选择含磷量较低的低发酵茶。以最常见的茶品来说，绿茶发酵程度较低，青茶次之，发酵程度较高的是红茶。因此，冷水泡茶最适宜选用绿茶。

只要有耐心，冷水也能泡出茶香，就像湘西民歌中的唱词：「冷水泡茶慢慢浓……」

西湖龙井（绿茶）

微信扫码关注公众号
看专业茶艺表演视频，
听精彩茶学音频课程。

名茶冲泡

在家轻松泡茶

备器：

随手泡　　　　　盖碗　　　　　茶荷

茶则　　　　　　　　水盂

用　　量：2克/人

水　　温：80~85℃

茶水比：1:50

适宜茶具：玻璃杯，盖碗，瓷杯（首选玻璃杯）

投茶方法：下投法

1 赏茶
欣赏西湖龙井的干茶。

2 温杯
倒少量热水入盖碗中，温杯润盏。杯身和杯盖也要温烫到。

3 投茶
用茶则从茶荷中取适量西湖龙井，轻轻投入盖碗中。

茶艺师手把手

❶ 用盖碗冲泡西湖龙井，冲水后杯盖不能立即平放密封，应该露边斜放，以免闷黄茶叶。

❷ 西湖龙井不用洗茶，但要将沸水放凉至80~85℃后再冲泡，以免沸水温度过高烫熟茶叶。

❸ 玻璃杯冲泡西湖龙井，可以更好地欣赏茶叶在水中上下翻飞、翩翩起舞的仙姿；用盖碗冲泡则能更好地诠释龙井茶的精妙。

4 润茶

向盖碗中倒入85℃左右的热水，浸没茶叶，待茶叶叶片稍浸润舒展即可。

5 冲泡

用"凤凰三点头"的方法，即用手腕的力量，使水壶下倾上提反复3次，令茶叶在杯中上下翻滚，冲水至盖沿。

6 盖杯盖

将杯盖露边斜放在盖碗上，以免茶叶闷黄。每次冲水后都要如此。

第二泡

当茶汤饮到还剩1/3时，用85℃左右的水直冲，续第二泡茶，茶汤依旧倒至盖沿。待茶汤色泽浓郁、滋味醇厚之后，继续品饮。

一般感觉第二泡滋味更浓一些，是因为茶叶中所浸出的刺激性物质含量增多的缘故，而鲜爽的感觉较第一泡差些。

第三泡

当茶汤饮到还剩1/3时，继续用开水采用凤凰三点头的手法续第三泡茶，但这次冲水的力度要大些，因为茶中的大多数内含物质已经浸出，所以这次要通过水的力度刺激茶叶的浸出。同样静候到茶汤浓郁时再次品饮。第三泡的茶汤较第二泡显得清淡些，口感较薄，但品饮中还是能体验到生津爽口的。

一般西湖龙井就品三次。

冲泡过程中的"凤凰三点头"像是对客人鞠躬行礼，是对客人表示敬意，同时也表达了对茶的敬意。

办公室简易泡

备器：_____

随手泡

飘逸杯

品茗杯

1 温具
加开水到杯子的2/3。旋转一圈，使开水温到杯子的全部内壁。按下按钮，将水倒出。

2 投茶
放适量的茶叶入杯中。

3 温润泡
加水到杯子的1/4~1/3处，然后用手转动杯子。除了袋泡茶不用温润泡，其他茶叶都需温润泡。

4 冲泡及出汤
加满开水，泡西湖龙井时打开飘逸杯盖。按下飘逸杯上的按钮，把茶汤出到下面的杯中，取下上面的泡茶杯，将茶汤倒入品茗杯中品饮。

碧螺春（绿茶）

在家轻松泡茶

备器：

随手泡

玻璃杯

茶则

茶荷

水盂

用　　量：2克/人

水　　温：80℃左右

茶 水 比：1：50

适宜茶具：玻璃杯，盖碗，瓷杯（首选玻璃杯）

投茶方法：上投法

179

1 赏茶
用茶则取适量碧螺春投入茶荷中，欣赏干茶。

旋转杯身，进行温杯。

2 温杯
向玻璃杯中倒入少量热水。双手拿杯底，慢转杯身使杯的上下温度一致。将洗杯子的水倒入水盂里。

茶艺师手把手

❶ 通常选用无色无花纹的直筒形、厚底耐高温的玻璃杯泡茶，以便于观赏"茶舞"。

❷ 碧螺春因为毫多，冲泡后会有"毫浑"，其他绿茶汤色都应清明透亮。

❸ 用玻璃杯泡茶时应手持杯底部和杯子中下部。切忌用手握杯身，一是避免烫伤；二是避免手纹印在杯壁上，给人以不洁的感觉。

用 80℃左右的水冲泡。

3 注水
直接冲水入杯至七分满。

4 投茶
用茶匙把干茶轻轻拨入玻璃杯中。

5 赏茶舞
赏茶舞即是欣赏茶叶落入水中，茶芽吸水后渐渐沉入杯底，瞬时可看茶叶飞舞、春染杯底以及茶汤慢慢变绿的过程。

碧螺春头酌幽香，再酌芬芳，三酌香郁、回甘。

第二泡

当茶汤还剩1/3时，将轻缓的水流注入杯中、续满七分。此时的茶汤会浓郁起来，色泽会更绿，汤浓色重，口感也由清雅变得浓醇。

第三泡

续水的原则与第二泡一样，当品到第三泡时，茶汤的滋味又恢复了清淡，而且醇和的感觉也会差些，但还是美味的，只是滋味薄了。

办公室简易泡

备器：

随手泡

玻璃杯

泡茶小贴士

冲泡碧螺春水温以80℃为宜，绝不可过热。否则，口感极差。可以手握玻璃杯，感觉很热，但不烫，水温即合适。每次喝完茶汤再饮再泡，用饮水机热水即可，或先凉一杯（壶）开水备用。

用热水温杯。
将温杯后的水倒出。

1 温杯
将热水倒入玻璃杯，温烫杯具，清洁并提高杯的温度。

2 注水
冲水入杯，七分满即可。

3 投茶
茶叶轻轻投入杯中。

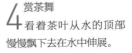

4 赏茶舞
看着茶叶从水的顶部慢慢飘下去在水中伸展。

黄山毛峰（绿茶）

在家轻松泡茶

备器：

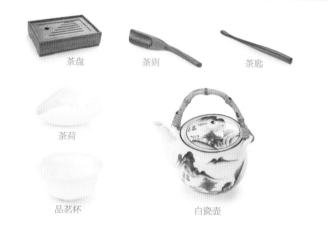

茶盘　　　茶则　　　茶匙

茶荷

品茗杯　　　白瓷壶

用　　量：2克/人
水　　温：70~85℃
茶 水 比：1:50
适宜茶具：玻璃杯，盖碗，瓷
杯（首选玻璃杯）
投茶方法：中投法

茶艺师手把手

❶ 居家自饮，不妨用小壶分杯冲泡普通绿茶。因为普通绿茶采摘老嫩适中，耐冲泡，但无论是外形还是色、香、味等都比高档绿茶略逊一筹。

❷ 用小壶泡茶时要注意壶与杯的容积比例，若只泡两杯，就选小壶冲泡，如果超过两杯，就需要再加一个公道杯均匀茶汤。

❸ 使用瓷器茶具冲泡绿茶，有助发挥茶味，更给人怡静清雅的感觉。

1 赏茶
将黄山毛峰用茶则取出后，放入茶荷中，并请客人观赏。

2 温壶
向壶中注入少量热水。

习茶课堂

高档绿茶不能用沸水冲泡。滚开的沸水会破坏茶叶中的维生素C、维生素P等营养物质，而使咖啡碱、茶多酚等很快浸出，茶汤变得苦涩。同时，水温过高，汤色就会变黄；茶芽因"泡熟"而不能直立，失去欣赏性。绿茶的水温一般应不高于85℃，冬季可适当高一些。这样泡出来的茶汤色清，香气纯正，滋味鲜爽，叶底明亮，使人饮之可口，视之动情。

温杯烫盏。

3 温杯
再将壶中的水倒入品茗杯中。

先往壶中倒少许水，再投茶。

4 注水、投茶
将水倒入壶中约1/4处，将茶荷中的黄山毛峰拨入壶中。

5 冲泡
冲水到满壶，满而不溢。再盖好壶盖，泡两三分钟。

6 温杯
转动品茗杯，再将温杯的水倒出。

7 分茶
茶汤分入每个品茗杯中。

第二泡

用70～85℃的水采用轻缓的悬壶高冲手法续第二泡茶。待茶汤色泽浓郁、滋味醇厚之后，继续品饮。茶叶中的鲜爽物质在第一泡时已经浸出较多，第二泡的滋味较第一泡会厚重些。

第三泡

续水的原则与第二泡一样，第三泡时滋味会更淡。

一般黄山毛峰只品三次。

老帕卡（黑茶）

在家轻松泡茶

备器：

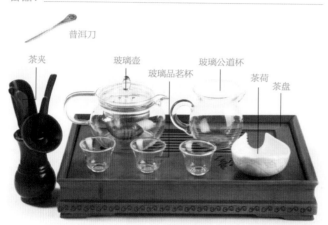

普洱刀

茶夹　玻璃壶　玻璃品茗杯　玻璃公道杯　茶荷　茶盘

用　　量：100℃

茶 水 比：1：50~1：30

适宜茶具：耐高温玻璃壶

1煮水

将足量水注入随手泡，烧至沸腾。将煮开的水倒入玻璃壶。

2温具

用玻璃壶中的水温公道杯，再将温公道杯的水倒入品茗杯中。

3投茶

先用普洱刀撬取紧压的茶叶，再用茶夹取适量的老帕卡，放入壶中。

4润茶

倒入少量热水润茶，再将润茶的水倒入茶盘中。

5冲泡

冲入开水。放在火上煮两三分钟即可。

6温杯

手持品茗杯，逆时针旋转，然后将温杯的水倒入茶盘。

7出汤

将泡好的茶汤倒入公道杯。

8分茶

将公道杯内的茶汤分入每个品茗杯中。

普洱生饼茶（黑茶）

在家轻松泡茶

备器：

| 紫砂壶 | 公道杯 | 品茗杯 | 茶荷 |

茶匙

随手泡 　　　　　　　　　　　　　　　　滤网

茶盘 　　　　　　　　　茶刀

水　　温：100℃

茶水比：1∶30～1∶50

适宜茶具：紫砂壶，盖碗，陶壶等

将壶中的水倒入公道杯中。

1 温具

将开水倒入茶壶中温壶，再将温壶的水倒入公道杯中温公道杯，最后将公道杯中的水倒入品茗杯中。

茶艺师手把手

❶ 泡普洱茶需要选择腹大的壶，因为普洱茶的浓度高，用腹大的茶壶冲泡，能避免茶泡得过浓的问题，材质最好是陶壶或紫砂壶。

❷ 无论生茶还是熟茶，普洱茶都需要经过较长时间发酵，因此润茶程序是不可或缺的。目的是唤醒紧压茶茶性，还可以去除杂味，涤尘净茶。

❸ 普洱生茶好比没淬火的生铁，香气高锐，但有些人会感觉生茶对肠胃有一定刺激。刚开始饮用生茶时多注意自己身体的反应。

用茶刀取茶。

将茶叶撕成小片。

将茶拨入壶中。

2 投茶

用茶刀挖取适量茶叶放入茶荷中，压制很紧的饼茶冲泡前要用手撕成小片。将茶叶用茶匙拨入壶中。

润茶。

温公道杯。

温品茗杯。

3 润茶

注入半壶开水，并迅速倒入公道杯中。

4 净杯

将公道杯中的水倒入品茗杯，手持品茗杯，逆时针旋转，然后将温杯的水倒入茶盘。

冲水至壶满。

用壶盖刮去浮沫。

5 冲泡
冲水至满壶，刮去浮沫盖上壶盖。静置约30秒。

将茶倒入公道杯中。

分别倒入品茗杯中。

6 出汤
持壶将茶汤经滤网快速倒入公道杯中。将紫砂壶里的茶汤控净，这样不影响下一泡的口感。

7 分茶
将公道杯内的茶汤分入每个品茗杯中。

办公室简易泡

备器:

随手泡

飘逸杯

品茗杯

水盂

将茶撕成小片。

往飘逸杯中注水。

1 投茶

把饼茶、沱茶或砖茶提前用小刀弄散，存放在茶叶罐中。取用时将茶撕成小片，放入飘逸杯中，投茶量约为杯子的1/3。用沸水冲泡。

静置一会儿，
再将茶水分离。

2 润茶

注入开水淹没茶叶后可静置10~20秒，按下按钮，倒掉润茶水。

3 冲泡

再次注满水后，视自己的口味闷1~3分钟，将泡好的茶汤倒入品茗杯中，进行品饮。

泡茶小贴士

❶ 与绿茶不同的是，普洱是陈茶，需要沸水泡。饮水机的热度不够，因此要在单位喝普洱最好还要准备一个随手泡。

❷ 在冲泡的时候，可按这样的时间冲泡：第一次冲泡1~1.5分钟。

第二至四泡，每泡约1分钟。

第五泡之后，每泡增加10~30秒，直至泡到无味。

普洱熟饼茶（黑茶）

在家轻松泡茶

备器：

紫砂壶　　　公道杯　　　品茗杯　　　茶则

茶匙　　　　　茶盘　　　　　茶荷

滤网　　　　　随手泡

水　　温：100℃
茶 水 比：1：50～1：30
适宜茶具：紫砂壶，盖碗，陶壶等

1 温具
倒入开水温壶，将温壶的水温烫公道杯，再用公道杯中的水温品茗杯。

2 投茶
用茶则将已经解散的熟茶从茶罐里取出，放入茶荷中，再用茶匙将适量的熟茶投入紫砂壶中。

3 润茶
将开水注入壶中，然后迅速倒入公道杯中。

刮去浮沫。

4 **冲泡**
冲水至满壶，刮去浮沫，盖上壶盖。

5 **淋壶**
用公道杯内的茶汤淋壶，静置
1分钟左右。

6 **温杯**
加温水到品茗杯中。右手持品
茗杯，逆时针旋转，然后将温杯的
水倒入茶盘。

7 **出汤**
将泡好的茶汤经滤网快速倒入
公道杯中，控净茶汤。

8 **分茶**
将公道杯内的茶汤分入每个品
茗杯中。

武夷大红袍（青茶）

在家轻松泡茶

备器：

紫砂壶　　　公道杯　　　品茗杯　　　茶荷

茶盘　　　　　茶匙　　　　茶漏

水　　温：95℃的沸水
茶 水 比：1：25～1：20
适宜茶具：紫砂，瓷器

温壶。

温公道杯。

温品茗杯。

1 温具
用沸水温紫砂壶，将紫砂壶中的水倒入公道杯中，再将公道杯中的水倒入品茗杯中，温杯。

2 投茶
将茶漏放在壶口处，用茶匙将大红袍拨入壶中。

3 润茶
倒入半壶开水，并迅速将水倒入公道杯中。

4冲泡
将水沿壶边缘冲入壶中。要冲满紫砂壶，直到茶汤刚刚溢出壶口。

5刮沫
用壶盖刮去壶口漂浮的浮沫，盖好壶盖。

6淋壶
将公道杯里的水浇在紫砂壶上。

7出汤
淋壶后，将泡好的茶汤倒入公道杯中。

8温杯
将温杯的水倒入茶盘中。

9分茶
将公道杯中的茶汤分到每个品茗杯中。

安溪铁观音（青茶）

微信扫码关注公众号
看专业茶艺表演视频，
听精彩茶学音频课程。

在家轻松泡茶

备器：

盖碗

公道杯

品茗杯

茶盘

茶匙

水　　温：90～100℃的热水
茶 水 比：1：25～1：20
适宜茶具：紫砂，瓷器

温盖碗。

1 温具
将水烧至沸腾，温烫盖碗，再倒入公道杯中。

将茶拨入盖碗中。

2 投茶
用茶匙将适量铁观音拨入盖碗，投茶的量约为杯子的1/2。

茶艺师手把手

❶ 用盖碗冲泡铁观音，简单、易操作。缺点是瓷器传热快，容易烫手，建议初学者还是用紫砂壶冲泡为宜。

❷ 投茶后，可盖上杯盖，并拿起盖碗轻轻摇晃，再掀开杯盖闻干茶香气。

❸ 品饮乌龙茶时所用的茶杯讲究香橼小杯，一般不使用较大的品茗杯。乌龙茶宜以小杯分三口以上慢慢细品。乘热细啜，先嗅其香，后尝其味，边啜边嗅，浅斟细饮。饮量虽不多，但能齿颊留香，喉底回甘，别有情趣。

将水倒入盖碗中。

润茶后，将茶汤倒入公道杯。

3 润茶
将开水冲入盖碗中，并迅速倒入公道杯。

195

4 注水
高冲水，冲水时必须充满盖碗至茶汤刚溢出杯口。

5 刮沫
用杯盖刮去杯口的浮沫。再用开水冲掉杯盖上的浮沫，使其清新洁净，盖好杯盖。

润茶的水倒入品茗杯中。

将水倒入茶盘中。

6 温杯
将公道杯中的水倒入品茗杯，然后将品茗杯中的水倒入茶盘。

7 分茶
将泡好的茶汤倒入公道杯，再依次倒入品茗杯中。

办公室简易泡

备器：

随手泡

飘逸杯

品茗杯

泡茶小贴士

❶ 一般来说，乌龙茶第1次润茶的茶汤不喝。

❷ 铁观音耐冲泡，一般可冲泡3～5次。

1 温杯
用热水温杯，把温杯的水倒掉。

2 投茶
放茶叶入杯中，投茶量一般为6～8克。

3 润茶
倒入少量热水润茶，再将润茶的水倒掉。

快速将水注入飘逸杯中

按住按钮，将茶与茶汤分开。

4 冲泡
把随手泡提起，快速将沸水高冲入茶杯中，使茶叶转动。

🫖 茶事知多少

关公巡城和韩信点兵

"关公巡城"指依次来回往各杯斟茶水；"韩信点兵"指斟茶至壶中茶水剩少许后，则往各杯点斟茶水。目的是通过分茶，使各杯茶汤能达到均匀一致。先将各个小茶杯或"一"字，或"品"字，或"田"字排开，采用来回提壶斟茶。如此，称之为"关公巡城"。

留在茶壶中的最后几滴茶，往往是茶汤的最精华醇厚部分，所以要分配均匀，以免各杯茶汤浓淡不一，把茶汤精华依次点到各个茶杯中，称"韩信点兵"。

冻顶乌龙（青茶）

在家轻松泡茶

备器：

紫砂壶　　　　公道杯　　　　品茗杯　　　　闻香杯

茶盘　　　　　　　　　茶夹

水　　温：95℃的沸水
茶 水 比：1：20～1：25
适宜茶具：紫砂，瓷器

泡茶小贴士

冲泡冻顶乌龙使用台湾的泡茶方法。使用的茶具较多，比如多了闻香杯。细长的闻香杯有助于更好地欣赏茶的本色和原味真香。

习茶课堂

❶ 将茶汤分到闻香杯中后，也可拿起品茗杯倒扣在闻香杯上，拇指按住品茗杯的杯底，中指和食指夹在闻香杯的中下部迅速翻转，如鲤鱼翻身状。

❷ 闻香分为三种：一是用品茗杯闻茶汤香气；二是用闻香杯闻香；三是用盖碗泡茶，闻茶汤香和盖香。

温壶。　　　　　　温公道杯。　　　　　温茗香杯及品茗杯。

1 温具
向壶中注入烧开的沸水温壶；温公道杯；温闻香杯及品茗杯。

2 投茶
冻顶乌龙投茶量为壶容积的
1/4 左右。

3 润茶
冲水入壶，并迅速将水倒入公道杯中。

4 正泡
冲水入壶至茶汤溢出。

5 刮沫
用壶盖向内刮去壶口处的浮
沫，盖好壶盖。

6 淋壶
用公道杯内的茶汤淋壶。

7 温杯

用茶夹温闻香杯后，将水倒入品茗杯，再将温品茗杯的水倒入茶盘，用茶巾拭净，并放回原处。

8 出汤

淋壶后约30秒将茶汤倒入公道杯中，控净茶汤。

9 分茶

将公道杯内的茶汤均匀分到每个闻香杯中。将品茗杯扣到闻香杯上，将茶倒入品茗杯。搓动闻香杯闻茶香，再用品茗杯品饮。

祁门红茶（红茶）

微信扫码关注公众号
看专业茶艺表演视频，
听精彩茶学音频课程。

在家轻松泡茶

备器：

玻璃壶　　公道杯　　品茗杯　　水盂

茶匙　　　茶荷　　　茶夹

水　温：95℃的沸水
茶 水 比：1：50
适宜茶具：瓷壶（杯），紫砂壶（杯）

习茶课堂

❶ 祁红到手，先要闻香。祁红是世界公认的三大高香茶之一。

❷ 泡茶时壶口处有浮沫时，可用壶盖刮掉。

❸ 冲泡时，要泡上两三分钟，不要马上出汤。

❹ 红茶通常可冲泡3次，每次的口感各不相同。

温壶。

温公道杯。

温品茗杯。

1 温具
向壶中注入烧沸的开水温壶，将温壶的水倒入公道杯后温公道杯，再倒入品茗杯。

2 投茶
用茶匙将茶荷中的茶拨入茶壶中。

3 润茶
向壶中注入少量开水，快速倒入水盂中。

4 冲水
直接冲水满壶，泡两三分钟。

5 温杯
用茶夹夹取品茗杯，温烫品茗杯，将温杯的水倒入水盂中。

6 出汤
将泡好的茶汤倒入公道杯中，控净茶汤。

7 分茶
将公道杯中的茶汤分到各个品茗杯中。

滇红碎茶（红茶）

在家轻松泡茶

备器：_____

玻璃壶　　　　公道杯　　　　品茗杯　　　　茶则

水　　温：95℃沸水
茶水比：1：50
适宜茶具：瓷壶（杯），紫砂壶（杯）

过滤网

水盂

习茶课堂

❶ 泡红碎茶时可以选用有细金属网的壶，也可以直接把红碎茶放入壶里，滤出茶汤时用滤网。

❷ 红碎茶是印度人的发明，将完整的红茶切碎，这样有利于茶中的物质迅速释出，冲泡时间可以缩短，茶汤依然红浓纯美。

❸ 相对其他红茶，红碎茶投茶量要少，冲泡次数有限。

温壶。　　　温公道杯。　　　温品茗杯。

1 温具
向壶中注入烧开的沸水温烫。用温壶的水温公道杯，再用公道杯的水温品茗杯。

温杯后将水倒出。

2 温杯
温杯后，将温杯的水倒入水盂中。

3 投茶
用茶则从茶罐中取茶投入壶中。

4 注水
将水沿壶边缘冲入壶中。

5 冲泡
将壶中泡好的茶汤沿滤网倒入公道杯中。尽量控净壶中的茶汤。

6 出汤
将公道杯中的茶汤分到每个品茗杯中。

办公室简易泡

备器: ＿＿＿＿＿＿＿＿＿＿＿＿＿＿＿＿＿＿＿＿＿＿＿＿＿＿＿＿＿＿

随手泡　　　　　　品茗杯

1 备料
准备好红茶伴侣：切好的柠檬片，方糖。

2 冲水
直接向杯中冲入开水，七分满。

3 放茶包
将红茶茶包放入杯中，上下提拉茶包几次，取出茶包。

4 加料
放入柠檬片。

5 加糖
加入方糖，用汤匙轻轻搅拌即可。

将方糖换成蜂蜜，味道一样甜美，还能减少热量摄入。

霍山黄芽（黄茶）

在家轻松泡茶

备器：

随手泡　　　　玻璃杯　　　　茶荷

水盂　　　　　茶则

水　　温：100℃

茶 水 比：1：50

适宜茶具：玻璃杯（壶），瓷杯（壶），盖碗

习茶课堂

❶ 霍山黄芽一般三泡即可。第一泡，品茶之醇香；第二泡茶香最浓，滋味最佳，要充分体验茶汤甘泽润喉、齿颊留香；第三泡时茶味已淡，香气已减。三泡之后，一般不再饮了。

❷ 霍山黄芽已被列入全国名茶之一，与黄山、黄梅戏并称为"安徽三黄"。

用热水温杯。

将杯中水倒入水盂中。

1 煮水
烧水壶中加入泡茶水烧开。

2 温具
将水注入杯中温烫杯具，将温烫杯具的水倒入水盂中。

3 投茶
用茶则取适量茶投入玻璃杯中。茶与水的用量比例适中。

4 润茶
采用回旋注水法，将水沿玻璃杯周边旋转着冲入，注水量占杯容量的1/4~1/3。浸润时间20~60秒，目的是使黄芽吸水膨胀，内含物可充分析出。

5 冲水
提高水壶，使水向下冲去，可利用手腕的力量，将水壶由上向下反复提举三次。

6 赏茶
欣赏茶叶在杯中的姿态。

7 品饮
先可看茶汤，观其色、闻其香、赏其形，然后趁热品茶汤滋味。

办公室简易泡

备器：

随手泡

玻璃杯

水盂

用热水温杯。

将温杯的水倒掉。

1 温具
注入开水温烫玻璃杯，然后将水倒入水盂中。

2 投茶
取适量茶投入玻璃杯中。

3 润茶
倒入少量热水润茶，再将润茶的水倒掉。

4 冲水
将水冲入玻璃杯中，浸泡3分钟左右即可。

君山银针（黄茶）

在家轻松泡茶

备器：

随手泡 　　　　玻璃杯 　　　　茶匙

茶则 　　　　茶荷 　　　　水盂

水　　温：70℃左右
茶水比：1∶50
适宜茶具：玻璃杯（壶），瓷杯（壶）

习茶课堂

❶ 因为冲泡君山银针是用玻璃杯直接饮用，为了不让茶汤苦涩，投茶量要少。

❷ 刚泡好的君山银针并不能立即竖立悬浮在杯中，要等待3~5分钟，待茶芽完全吸水后，茶尖朝上，芽蒂朝下，上下浮动，最后竖立于杯底。有的茶芽可以三起三落，值得欣赏。

将君山银针拨入茶荷中。

温杯烫盏后，将水倒出。

1 准备
将足量水注入随手泡，烧至沸腾后待水温降至70℃左右备用。将适量君山银针拨入茶荷中。

2 温杯
温烫杯具，将温烫玻璃杯的水倒入水盂中。

往杯中倒三分满的水。

3 注水
冲水至杯的三分满处即可。

拨茶到杯中。

4 投茶
用茶匙将茶拨入玻璃杯中。

再倒水至杯七分满。

5 再冲水
悬壶高冲至杯的七分满。

6 赏茶舞
静观茶叶从水的顶部慢慢沉下去，在水中伸展的姿态。

白毫银针（白茶）

在家轻松泡茶

备器：

随手泡　　　　　　盖碗　　　　　　茶荷

茶匙　　　　　　茶则　　　　　　茶盘

水　温：80℃
茶水比：1∶50
适宜茶具：玻璃杯（壶），瓷杯（壶）

习茶课堂

❶ 白毫银针制作时不经过揉捻工序。泡茶时茶叶的内含物质不能马上释出，所以要等待3~5分钟，待茶汤呈淡黄色时品饮。

❷ 在等待茶汤的时候可以看看茶在水中飘动，俗称"茶舞"。

❸ 冲泡白毫银针选择玻璃杯冲泡也是不错的选择。

用热水温盖碗。

1 准备
将适量的白毫银针放入茶荷中。

2 温杯
用沸水温烫杯具，向盖碗中倒入少量热水，再将盖碗中的水倒入茶盘。

再次向盖碗中注水，三分满即可。

3 冲水
冲水至盖碗的三分满。

4 投茶
用茶匙将干茶拨入盖碗中。

再倒水至杯七分满。

5 再冲水
将水冲至杯的盖沿即可。等3~5分钟即可品饮。

6 赏茶舞
观赏冲泡后的白毫银针。

茉莉花茶（花茶）

微信扫码关注公众号
看专业茶艺表演视频，
听精彩茶学音频课程。

在家轻松泡茶

备器：

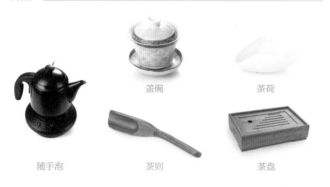

盖碗

茶荷

随手泡

茶则

茶盘

水　　温：视茶坯而定，如果茶坯为绿茶则水温可适当低些；如果茶坯为青茶则需要用沸水

茶 水 比：1：50

适宜茶具：盖碗，瓷杯（壶）

习茶课堂

❶ 开盖碗，欣赏熏于盖底的香气，以盖子拨动茶汤，欣赏茶汤的颜色，茶叶舒展后的姿态，并使茶汤浓度均匀。将盖子斜盖碗上，留出一道缝隙，大小足以出水，但可以滤掉茶渣，按住盖钮，端碗饮用。饮用前若嫌汤温过高，可打开碗盖让其散热。

❷ 盖碗又称三才杯，杯盖象征天，杯托象征地，杯身象征人。用盖碗泡茶的同时也比喻天、地、人三才合一，共同化育茶的甘美。

❸ 花茶主要产于南方，但喝花茶的人士却以北方人居多，南方人一般接受不了花茶浓重的花香味和苦涩味。

1 准备
将适量茉莉花茶拨入茶荷中。

2 温具
向盖碗里注入少量热水，温杯润盏，然后倒入茶盘。

3 投茶
将茉莉花茶拨入盖碗中。

4 冲水
冲水至杯沿，盖好杯盖。

5 敬茶
双手持杯托将茶敬给客人。

6 闻香
一手持杯托，一手按杯盖让前沿翘起闻香。

7 刮沫
品饮之前用杯盖轻刮汤面，拂去茶沫。

8 品饮
品饮时让杯盖后沿翘起，品茶。

品茶篇：

品香茗，悟人生

人生的闲暇，是喝茶、品茶的时候。浮云人生，炎凉世态，时间如流水过去，只有茶浓淡依旧。三餐的五谷，人生的五味，都在茶中化作浓淡、浓有浓香、淡有韵味。

茶更是一种精神上的享受，它既是一门艺术，亦是一种修身养性的手段。饮茶时怀着一种品味生活的心情，似乎更容易了解茶的本味。

粗茶淡水，细斟慢酌，品的是茶，品的是生活，也是人生。

第一章

茶有千味，适口者珍——品茗

"物无定味，适口者珍。"中国茶叶品种繁多，"人生活到老，香茗知多少"。同样也是茶有千味，适口者珍，这是一种"返璞归真"的顺应时代潮流的选择方式。

这种选择方法在其他事情上也同样适用，比如在情感恋爱、工作选择、生涯规划上，都可以引为参考——适合自己的就是最好的！

品茶美学

茶在人们的眼里是禀山川之灵性，得天地之和气的灵物。茶，具有无限的美感，人们在欣赏茶时，除了联想之外，还有具体的方法。

五品

品茶，就要调动人体的所有感觉器官用心地去品味、欣赏茶。

❶ 耳品——注意听主人（或茶艺表演者）的介绍。

❷ 目品——用眼睛观察茶的外观形状、茶的汤色等。

❸ 鼻品——用鼻子闻茶香。

❹ 口品——用口舌品鉴茶汤的滋味韵味。

❺ 心品——对茶的欣赏从物质角度的感性欣赏升华到文化的高度。

品碧螺春足以让人忆古思今，联想到烟波浩渺的太湖，联想到"吓煞人香"的传奇，联想到康熙皇帝御笔赐名的典故……如果再加上对茶的色香味的联想，必定会神游太湖洞庭山，领悟"洞庭无处不飞翠，碧螺春香百里醉"的意境。

三看

❶ 一看干茶的外观形状，即看是芽茶，还是叶茶；是珠茶，还是条索茶；以及干茶的色泽、质地、均匀度、紧结度、有无显毫等。

❷ 二看茶汤的色泽。茶汤的颜色会因为加工过程的不同而有差异，但不论是什么颜色，好茶的茶汤必须清澈且要有一定的亮度，汤色要明亮清晰。

❸ 三看叶底，即看冲泡后充分展开的叶片或叶芽是否细嫩、匀齐、完整，有无花杂、焦斑、红筋、红梗等现象，青茶还要看是否"绿叶红镶边"。

三闻

❶ 干闻。闻干茶的香型，以及有无陈味、霉味和吸附了其他的异味。

❷ 热闻。开泡后趁热闻茶的香味。茶香有甜香、火香、清香、花香、栗香、果香等不同的香型，每种香型又分为馥郁、清高、鲜灵、幽雅、辛锐、纯正、清淡、平和等表现形式。

❸ 冷闻。温度降低后，再闻茶盖或杯底留香。这时可闻到在高温时茶香掩盖了的香气。

品茶韵

❶ 品火功。品出茶的加工工艺是老火、足火还是生青，是否有日晒味。

❷ 品滋味。让茶汤在口腔内流动，与舌根、舌面、舌侧、舌端的味蕾充分接触，品茶味是浓烈、鲜爽、甘甜、醇厚、柔和还是苦涩、淡薄或生涩。

❸ 品韵味。将茶汤含在口中，像含着一朵鲜花一样慢慢咀嚼，细细品味，吞下去时还要注意感受茶汤过喉时是否爽滑。

清代大才子袁枚曾言："品茶应含英咀华，并徐徐咀嚼而体贴之。"这"体贴"二字真是用绝了。只有对亲人才谈得上"体贴"，只有带着深厚的"体贴"之情去品茶，才能欣赏到好茶"香、清、甘、活"，妙不可言的韵味。

三回味

三回味是茶人在品茶之后的感受，品了真正的好茶后，一是舌根回味甘甜，满口生津；二是齿颊回味甘醇，留香尽日；三是喉底回味甘爽，气脉畅通，五脏六腑如得滋润，使人心旷神怡，飘然欲仙。

陆羽把茶称为"南方之嘉木"，卢仝把茶饼称为"月团"，黄庭坚把茶称为"云腴"，苏东坡把茶比作"佳人"，乾隆皇帝把茶比作"润心莲"，在这些茶人眼里，茶不仅包含着大自然的信息，还蕴含着文化美和艺术美。

217

拇指和食指握住品茗杯的杯沿，中指托着杯底，分三次将茶水细细品啜。

品茗地点

品茶是品茶人心的回归，心的歇息，心的享受。因此，品茶时要有一个最佳心境，才会真正体味到茶的真谛，获得精神上的享受。

家庭茶室

家庭茶室，没有固定的模式，也可以不用刻意地装饰，只要觉得轻松自然就是最好的。

【空间】

茶室的面积不需要太大，可以设计在客厅一角，条件许可也可以用一个独立的房间。

【家具】

好的红木家具或是仿明清样式的桌椅，也可以采用朴实自然的材质，用天然的原木作桌子，再放几个木墩子作凳。

【茶具】

茶室里的茶具自然是最重要的。用自己喜欢的茶具，如宜兴的紫砂茶具或是细腻的青瓷盖碗，而茶具的质地也决定了茶汤滋味的不同。

【情趣】

墙上配以素雅的书法条幅，意境悠远的国画山水，渲染出古色古香的浓郁氛围。也可以放几件别致的小饰物。

茶艺馆欣赏

中国悠久的茶文化源远流长，每饮一口芬芳的清茶，就好像在品味中华文化，这种文化内涵很大程度上影响了茶艺馆的格调，给人们营造出平和、雅致、忘我的茶境。

【平和之境】

正所谓"茶须静品，酒须热闹"，在古色古香的茶艺馆中尽情享受宁静与安逸。茶艺馆内，每一扇古门虚掩，古花窗半遮竹帘，绿植掩映，古灯幽幽，在流水般的古筝声里一片静谧……

【雅志之境】

盘腿坐禅品茶，或两知己对坐品茶，使人静心安神，可谓"一杯甘露暂留客，两腋清风几欲仙"，即所谓"以茶可行道，以茶可雅志。"

【忘我之境】

"采菊东篱下，悠然见南山"。曾几何时，这种悠然自得、天人合一的生活已离我们远去。喝茶是返璞归真的最佳途径，让身处闹市的我们，亦保持气定神闲，身心回归自然。还有什么比茶更能让人达到忘我的境界？

办公室喝茶

茶道在身，仿佛饮水，而冷暖自知。有道者，举手投足处处是茶道。

【从容品茶】

品茶，讲究专注、细致、平心静气，方能品出不同的意境，体味不凡的享受。工作之余饮一杯茶，让古老的茶文化浸润身心，在从容中把工作做到极致。

【在茶香中减压】

现代生活节奏紧张激烈，坐办公室的人常常感到一种无言的压力，天长日久，内心会有越来越多的疲惫和焦虑，需要有独处的时刻。在淡淡茗香中，使自己的心境趋于平和淡泊，什么烦恼忧愁都放得下。

寄情山水间

茶生于山野峰谷之间，泉出在深壑岩罅之中，两者皆孕育于青山秀谷，是远离尘嚣、亲近自然的象征。茗家煮泉品茶，追求的正是在宁静淡泊、淳朴率直中寻求高远的意境和"壶中真趣"。

让我们与茶一起，回归大自然中的茶趣。找片好山好水，不必走得太远，心远地自偏，以石为桌，天地为屋，心随云动。青山，溪流，孤舟，白云，炊烟，暮色，茶香，绘成一幅宁静安逸的品茶图。

与赵莒茶宴

[唐] 钱起

竹下忘言对紫茶，

全胜羽客醉流霞。

尘心洗尽兴难尽，

一树蝉声片影斜。

亭中二高士对坐，左边着红衣者以扇扇炉，右边高士身后立有书童，二人正煮茶论道。

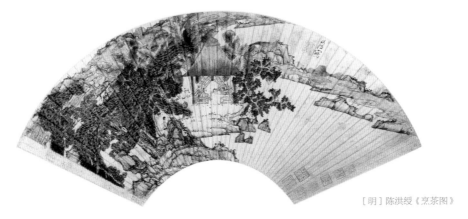

[明] 陈洪绶《烹茶图》

茶礼

茶人饮茶，或独饮，或两三好友共饮，品一壶之清香，得半日之情闲，自有闲散清寂的意趣在里面。其间虽无尊卑之分，贵贱之论，然而礼法具备。茶道礼法，主要从泡茶者的容貌、姿态、风度、礼节等细节上体现出来。

容貌与姿态

【素净之容】

茶艺更看重的是气质，所以表演者应适当修饰仪表。如果是天生丽质，则整洁大方即可。女性可以淡妆，表示对客人的尊重，以恬静素雅为基调，切忌浓妆艳抹，有失分寸。

【淡雅之姿】

姿态的美高于容貌之美。古代就有"一顾倾人城，再顾倾人国"的句子，顾即顾盼，是秋波一转的样子，有林下之风，不带一丝烟火气。茶艺表演中的姿态也比容貌重要，需要从坐、立、跪、行等几种基本姿势练起。

坐姿与跪姿

【坐姿】

坐在椅子或凳子上，端坐中央，使身体重心居中。双腿膝盖至脚踝并拢，上身挺直，双肩放松；头上顶，下颌微敛，舌抵上腭，鼻尖对肚脐。全身放松，思想安定、集中，姿态自然、美观。

【跪姿】

双膝跪于座垫上，双脚背相搭着地，臀部坐在双脚上，腰挺直，双肩放松，下颌微收，舌抵上腭，双手搭放于前，女性左手在下，男性反之。

站姿与行姿

【站姿】

站姿好比是舞台上的亮相，十分重要。应双脚并拢，身体挺直，头上顶，下颌微收，眼平视，双肩放松。女性双手虎口交叉（右手在左手上），置于脐上；男性双脚呈外八字微分开，身体挺直，头上顶，下颌微收，眼平视，双肩放松，双手交叉（左手在右手上），置于小腹部。

【行姿】

女性为显得温文尔雅，行走时上身不可扭动摇摆，保持平稳，移动双腿，直线跨步，双肩放松，头上顶，下颌微收，两眼平视。

男性行走时，双臂随腿的移动在身体两侧自由摆动。转弯时，向右转则右脚先行，反之亦然。正面与客人相对，跨前两步进行各种茶道动作，当要回身走时，应面对客人先退后两步，再侧身转弯，以示对客人尊敬。

鞠躬礼

茶道表演开始和结束，主客均要行鞠躬礼。有站式和跪式两种，且根据鞠躬的弯腰程度可分为真、行、草三种。"真礼"用于主客之间，"行礼"用于客人之间，"草礼"用于说话前后。

伸掌礼与寓意礼

【伸掌礼】

当主人向客人敬奉各种物品时都简用此礼，意思为"请"。伸掌姿势为五指并拢，手掌略向内凹，侧斜之掌伸于敬奉的物品旁，同时欠身点头，动作要一气呵成。

【寓意礼】

茶艺自古以来形成了许多带有寓意的礼节。如最常见的为冲泡时的"凤凰三点头"，即手提水壶上下提拉，反复三次，寓意是向客人三鞠躬以示欢迎。茶壶放置时壶嘴不能正对客人，否则表示请客人离开。回转斟水、斟茶、烫壶等动作，右手必须逆时针方向回转，左手则以顺时针方向回转，表示欢迎客人来品茗。

主人向客人敬奉物品时用伸掌礼，表示"请"。

坐酌泠泠水，看煎瑟瑟尘。

无由持一碗，寄与爱茶人。

——［唐］白居易《山泉煎茶有怀》

第二章

如人饮茶，甘苦自知——茶情

无论是独自静坐慢慢地喝茶，还是在茶馆的寂静中细斟慢品，有一杯茶，就有一分静，在茶香中听风听雨，看书看画写字。三杯两盏香茗，静静地品浓品淡，品生活，品世道人生，享受着中国式的生活美学。清淡日子，流水岁月，浓涩人生，就在茶中。

品茶的艺术

茶诗

我国既是"茶的祖国"，又是"诗的国家"，茶很早就渗透进诗词之中，从最早出现的茶诗到现在，历时一千七百年，历代诗人、文学家创作了众多优美的咏茶诗词。

【茶中亚圣卢仝】

卢仝，自号玉川子，爱茶成癖，被后人尊为茶中亚圣，他的《走笔谢孟谏议寄新茶》是他在品尝友人孟谏议所赠新茶之后的即兴之作。

日高丈五睡正浓，军将打门惊周公。

口云谏议送书信，白绢斜封三道印。

开缄宛见谏议面，手阅月团三百片。

闻道新年入山里，蛰虫惊动春风起。

天子须尝阳羡茶，百草不敢先开花。

仁风暗结珠蓓蕾，先春抽出黄金芽。

摘鲜焙芳旋封裹，至精至好且不奢。

至尊之馀合王公，何事便到山人家。

柴门反关无俗客，纱帽笼头自煎吃。

碧云引风吹不断，白花浮光凝碗面。

一碗喉吻润，二碗破孤闷。

三碗搜枯肠，唯有文字五千卷。

四碗发轻汗，平生不平事，尽向毛孔散。

五碗肌骨清，六碗通仙灵。

七碗吃不得也，唯觉两腋习习清风生。

蓬莱山，在何处？玉川子，乘此清风欲归去。

山上群仙司下土，地位清高隔风雨。

安得知百万亿苍生命，堕在巅崖受辛苦！

便为谏议问苍生，到头还得苏息否。

茶歌

自古"茶通六艺"，琴棋书画诗和金石古玩鉴，而排在首位的"琴"，就代表着"比音而乐之"的音乐。

茶歌原本起源于茶农自创的采茶调，后来逐渐发展成为一种民歌形式。茶歌把音乐美渗透进茶人的灵魂，引发茶人心中潜藏的美的共鸣，更为品茶创造出如沐春风般的美好意境。

时下在一些地区，仍流传有这样的茶歌：

三月采茶是清明，

妹在房中绣手巾，

绣得龙来龙下海，

绣得虎来虎现身……

茶画

茶与画先天有缘。茶是雅事，自然是入画的题材。茶具，茶罐，包装纸上，都是茶画的天地。无论是紫砂壶还是瓷器茶具，大多有以茶为主题的美术图案，随性自然，不拘一格。

辽代墓葬出土的反映茶事场面的壁画

品茶的地方也正适合赏画。一些书画作品，如手卷，便非得有清茶一杯在案上，才可从容观摩。

茶戏

过去，弹唱、相声等曲艺活动大多在茶馆演出，所以早期的戏剧演出场所，一般统称为"茶园"或"茶楼"。大多以卖茶为主要收入，只收茶钱，不卖戏票，所以也有人形象地说，戏曲是"用茶汁浇灌起来的一门艺术。"

随着茶事的发展，我国逐渐发展出了"采茶戏"这一剧种，流行于江西、湖北、湖南等地。如广东的"粤北采茶戏"，湖北的"阳新采茶戏"，安徽的"黄梅采茶戏"等。

茶与书法

书法艺术，讲究的是在简单的线条中求得丰富的思想内涵，就像茶与水在简单的色调对比中求得五彩缤纷的效果。不求外表的俏丽，而注重内在的生命感，从朴实中表现出韵味。

茶与书法的关系密切，许多作品以茶赋诗，还有的是在品茶之际创作出来。流传至今的佳品有苏东坡的《一夜帖》等。

225

品茶的心境

清醒、达观、热情、亲和与包容，构成儒家茶道精神的欢快格调。在民间茶礼、茶俗中儒家的欢快精神表现得尤为明显。

儒、道、佛各家都有自己的茶道流派，儒家以茶励志，沟通人际关系，积极入世；佛教在茶宴中伴以孤寂青灯，明心见性；道家饮茗寻求空灵虚静，避世超尘。然而，各家茶文化精神也有一个很大的共同点，那就是——和谐，平静。

中庸仁礼——茶道与儒家

中国茶道思想是融合儒、道、佛诸家精华而成，儒家思想是它的主体。

【中庸】

儒家"中庸"的思想要求我们不偏不倚地看待世界，这正是茶的本性。

无论是煮茶法、点茶法、泡茶法，历代茶人都讲究"精华均分"。如工夫茶讲究的"关公巡城""韩信点兵"，正体现了这种平等精神。

儒家中正平稳的处世之道，在茶人那里表现得淋漓尽致。陆羽在《茶经》中说，饮茶者必须是精行俭德之人。饮茶时，要更多地省视自己，心境去掉浮华，实践"宁静致远隐沉毅"的俭德之行。

【仁礼】

"以茶待客"的茶礼是中国的传统习俗。有客来，奉上一杯热茶，是对客人的极大尊重；即使客人不来，也可以茶相送表示情谊。唐人刘贞亮云"以茶可交友""以茶利礼之"。

禅茶一味——茶道与佛家

【茶禅一味】

唐代茶业的勃兴，是从唐中后期开始的。

尤其是德宗以后，茶业已经相当兴盛了。

为什么在唐代初期和盛期，饮茶的风气没有发展起来，至安史之乱国库空竭之后，倒反热热闹闹发展起来了？这主要得益于唐中后期禅宗的兴起。

禅宗主张茶禅一味，"欲问禅，想想茶"。所谓"禅"，也就是"止观"的意思。即通过坐禅入定求得心静为"止"；对心进行反省观察，契合于品茶中的"宁静致远"。禅宗的信徒崇尚饮茶，禅与茶，同为一味，在茶香的境界中，人与自然合二为一。

【苦茶，苦禅】

佛教"四谛"：苦、集、灭、道，以苦为首。参禅就是要求得对"苦"的解脱，从而大彻大悟。茶性也苦，苦中有甘，苦去甘来。修习佛法的人在品味茶的苦涩时，品味人生，参破"苦谛"。

【静茶，静禅】

佛教主静，坐禅时以静为基础，可以说佛教禅宗从"静"中来。茶道也尊崇静，"静"是中国茶道修习的不二法门，茶人把"静"作为达到心斋坐忘、涤除玄鉴、澄怀悟道的必由之路。

【放下苦恼，坐禅吃茶】

人的苦恼，归根结底是因为"放不下"，所以佛法强调人要"放下"。品茶也强调"放"。偷得浮生半日闲，将手头的工作放下，人自然轻松无比，看世界天蓝海碧，山清水秀，日丽风和，月明星朗。

天人合一——茶道与道教

道教学说为茶道注入了"天人合一"的哲学思想，树立了茶道的灵魂，灌输了崇尚自然、朴素、纯真的美学理念。

道家"尊人"的思想表现在对茶具的命名以及对茶的认识上。茶人习惯于把有托盘的盖杯称为"三才杯"：杯托为"地"，杯盖为"天"，杯子为"人"，意思是天大、地大、人更大。把杯子、托盘、杯盖一同端起来品茗，称为"三才合一"。

品茗时如何达到"一私不留、一尘不染、一妄不存"的空灵境界呢？道家为茶道提供了入静的法门，称之为"坐忘"——有意识地忘记外界一切事物，甚至忘记自身的存在，达到与"大道"相合为一的境界。

茶养生篇：喝出健康美丽

杯中清茶，滋润着我们的心灵，也灌溉着我们的健康。饮茶有益于健康，茶叶不仅是饮品，还含有丰富的营养成分，具有调节人体机能的作用。茶叶中含量最高的茶多酚，有着抗氧化的作用，可以去除促使人体老化的自由基，以延缓人的衰老。茶的益处还有很多，且看本篇为你一一道来。

第一章

此乃草中英——茶的养生功效

神农尝百草，日遇七十二毒，得茶而解之。可见茶最早是作为药物用途的。

世界上从来就没有什么神仙，茶叶当然也不是什么仙药；不过，茶叶中含有大量营养和药用价值较高的成分，所以，它不失是一种有益于人体的良好饮品。

宋代著名诗人苏东坡写道："何须魏帝一丸药，且尽卢仝七碗茶。"

请君多饮茶。

茶中的营养成分

茶叶中所含的成分非常之多，正是这些成分单独或综合的作用构成了茶叶的色、香、味以及对人体健康的营养作用和对多种疾病的预防和治疗效果。

维生素

茶叶中含有多种维生素，有水溶性和脂溶性两类，都是人体所不可缺少的。所以自古以来人们把茶作为一种养生饮料。

脂溶性维生素	维生素A（胡萝卜素）	维持眼睛和皮肤的健康	在人体内可转换为维生素A，需要和茶叶一起食用
水溶性维生素	B族维生素	维持神经系统、消化系统和心脏的健康	水溶性，可从饮茶中获取
	维生素C	增强机体抵抗力	
	维生素E	防衰老，抗癌	
	维生素K	降血压，强化血管	

蛋白质

蛋白质是含氮化合物，它广泛存在于茶树体中，茶叶中的蛋白质含量高达20%以上。氨基酸是组成蛋白质的基本物质。

蛋白质是一切生命的物质基础，能促进生长发育和新陈代谢，是维持机体的生长、组成、更新的重要材料，通过氧化作用为人体提供能量，缺乏时会对人体健康造成危害。

茶叶中的氨基酸含量非常丰富，具有极好的药理功能。由于茶氨酸能通过血脑屏障进入脑部，从而能调节脑神经机能，有提高记忆力、降血压、预防血管性老年痴呆症、增强肿瘤药物效果等作用。

茶多酚

茶叶独特的保健功效，主要来自茶叶中的茶多酚。茶多酚是天然高效抗氧化剂，能有效清除人体内过量的自由基，达到祛病强身的功效。茶多酚具有抗辐射作用，可以减轻各种辐射对人体的不良影响。茶还有抗癌作用，增强机体解毒酶活性等。

生物碱

茶叶里所含的生物碱主要是咖啡碱、茶叶碱、可可碱、腺嘌呤（维生素B_4）等，其中咖啡碱含量较多。咖啡碱能兴奋中枢神经系统，增强大脑皮质的兴奋过程，帮助人们振奋精神、增进思维、消除疲劳、提高工作效率，还有利尿、消浮肿的作用。古人称茶有"益思""少眠""醒酒""清心""悦志"等功能，均为咖啡碱的作用。

矿物质元素

茶叶中含有几十种矿物质元素。含量较多的有钾，其次还有氟、铁、铜、锌、锰、硒等，这些元素都是人体所必需的。

茶中主要的矿物质元素	钾	多饮茶可防止高血压
	氟	防止蛀牙
	铁	补血补气
	铜	促进骨骼形成和脑功能健全
	锌	提升智力，抗衰老
	锰	增强免疫功能
	硒	预防心血管疾病和癌症

糖类

糖类又称碳水化合物。茶中的碳水化合物含量很高，其中的单糖、双糖是茶汤中甜味的主要呈味物质。多糖类化合物中的复合多糖具有降低人体中血糖和抗糖尿病的功效。茶叶中的脂多糖有改善造血功能的作用，同时具有抗辐射的效果，对提高机体的抵抗力作用很大。

芳香物质

茶叶中的芳香物质含量很少，但是种类却多达五百多种。正是这些芳香物质使茶产生了怡人的香气。一杯茶水，清馨甘甜，使人心旷神怡。茶的今古流传，除了它的药用价值和保健功效外，和它的芳香是分不开的。

茶的疗效

消脂减肥

茶叶具有促进脂肪消化、调节脂肪代谢的功能。茶中的类黄酮、芳香物质、生物碱等成分能够降低胆固醇、甘油三酯的含量和降低血脂浓度，具有很强的解脂作用。中国的青茶深受日本人的喜爱，就是因为它具有这方面的良好作用。

抑制心血管疾病

茶中的生物碱具有强心、解痉、松弛平滑肌的功效，能解除支气管痉挛，促进血液循环，可辅助治疗心血管疾病。

延缓衰老

人的衰老与体内不饱和脂肪酸的过度氧化作用有关，而这种氧化又和一种叫自由基的物质有关。茶叶中的多酚类化合物和生物碱及维生素C、维生素E等对自由基有着很强的清除效果，这便是茶能养生益寿的奥秘所在。

护发明目

茶水可以去垢涤腻，所以洗过头发之后，再用茶水洗涤，可以使头发乌黑柔软，富有光泽。而且茶水不含化学剂，不会伤到头发和皮肤。

经常饮茶，可以清火明目。李时珍《本草纲目》云："茶苦味寒……最能降火，火为百病之源，火降则上清矣。"而且茶叶中含有多种营养成分，特别是维生素A，是维持眼睛生理功能所不可缺少的物质。

防癌抗癌

茶叶所含的茶多酚可以抑制癌细胞，起到防癌、抗癌的作用。茶叶中的黄酮类物质有不同程度的抗癌作用，其中作用较强的有牡荆碱、桑色素和儿茶素。

防辐射

20世纪50年代，不少日本广岛原子弹爆炸幸存者迁移到茶区居住，并饮用大量优质绿茶，很多人不仅仍然在世，而且体质良好。日

本科学界从这一事实调查发现，茶是一种有效的辐射解毒剂。

茶多酚具有优异的抗辐射功能，茶多酚可吸收放射性物质，阻止其在人体内扩散。茶多酚还能够阻挡紫外线和清除紫外线诱导的自由基，从而保护黑色素细胞的正常功能，抑制黑色素的形成，被称为天然的紫外线过滤器。

灭菌消炎

茶对病毒具有抑制作用。茶中的茶多酚和鞣酸作用于细菌，能凝固细菌中的蛋白质，将细菌杀死。

出门在外，如果不慎摔倒擦破皮或碰撞引起红肿，一时间找不到消炎药水时，不妨利用凉茶汤清洗患处，并嚼些茶叶敷在伤处。如此处理，不但可防止细菌感染，还可消炎止痛，是野外不可或缺的伤口紧急处理方法之一。

利尿通便

茶叶中的生物碱具有利尿作用，可用于治疗水肿。

对于由细菌引起的便秘或急性腹泻，茶能够帮助改善消化不良的情况，可喝一点茶减轻病况。

防治龋齿

茶中含有氟，氟离子与牙齿的钙质有很大的亲和力，能变成一种较为难溶于酸的"氟磷灰石"，就像给牙齿加上一个保护层，提高了牙齿防酸抗龋能力。若能够常饮茶或是用茶水漱口，对防治龋齿是有益的。

醒脑提神

茶含有生物碱，可以促使人体的中枢神经兴奋，从而起到提神益思的效果。当感到精神不济时喝杯茶，可以提神醒脑，缓解压力。

英国人嗜好喝茶，一天要喝4次。清晨6点，空着肚子喝"床茶"；上午11点喝"晨茶"；午饭后又喝"下午茶"；晚饭后还要喝"晚茶"。

茶者，养生之仙药也，延寿之妙术也；山谷生之，其地神灵也；人伦采之，其人长命也。

——〔日〕荣西法师《吃茶养生记》

第二章

君不可一日无茶——养生茶饮

简简单单冲泡，轻轻松松调饮，天然茶饮滋养身心，如春雨般润物无声。

您可以依据自身情况，按一年四季、不同体质、日常保健、养颜瘦身等需要和所患疾病，对症喝出健康来。

本章根据茶饮的健康元素和作用原理，特别推荐了25种养生茶饮，您可以选择所需要的茶材，平时在家简单操作，只需短短几分钟，就能快速地享受到健康天然的茶饮！

日常养生茶饮

益胃健脾茶

材料：茶叶4克、肉桂3克、蜂蜜20克。

做法：将肉桂研碎，加入适量水煎沸，然后放入茶叶煮3分钟，待放温后，调入蜂蜜即可。

功能：和胃消食，健脾益气。

补血养血茶

材料：茶叶5克、红枣10颗、白糖10克。

做法：将红枣放入锅中，倒入适量水，加入白糖煎煮；茶叶用沸水冲泡5分钟后，将茶汤倒入红枣汤内煮沸即成。

功能：养肝补血，延缓衰老。

舒缓安神茶

材料：茉莉花茶10克、蜂蜜5克。

做法：将茉莉花茶放入茶壶中，用300毫升沸水冲泡，待温后调入蜂蜜即可。

功能：养心益肾，清热安神。

益胃健脾茶

补血养血茶

舒缓安神茶

注：所有茶方需在医生指导下饮用。

解乏健体茶

材料：红茶1包、柠檬1片、菠萝汁20毫升、白糖10克。

做法：用沸水冲泡红茶，加入白糖和柠檬片，待茶水凉后，倒入菠萝汁即可。

功能：补气养血，抗疲劳，提神醒脑。

解乏健体茶

补肾壮阳茶

材料：青茶5克、鹿茸1克。

做法：将青茶和鹿茸放入茶杯中，用沸水冲泡，盖上盖闷5分钟即可。

功能：滋阴壮阳，益精悦颜，保元固肾。适用于四五十岁之中年者饮之。

补肾壮阳茶

消暑止渴茶

材料：茶叶5克、金银花15克、大青叶（干品）20克。

做法：将所有材料放入锅中，倒入适量水，煮沸即可。

功能：生津止渴，清凉消暑，平肝明目，疏风散热。冰饮味道更好。

消暑止渴茶

防辐射茶

材料：绿茶5克、菊花12克、白糖适量。

做法：将所有材料放入锅中，倒入适量水，煎沸即可。

功能：清热解毒，宁神明目。适用于春季忽冷忽热、气候干燥时，可预防感冒。

防辐射茶

养颜塑身
茶饮

美白养颜茶

抗皱无痕茶

祛斑除痘茶

健康瘦身茶

美白养颜茶

材料：绿茶3克、红花15克、红糖适量。

做法：将所有材料放入茶杯中，用沸水冲泡，盖上盖闷泡10分钟即可。

功能：润肤美颜，红润肌肤。

抗皱无痕茶

材料：红茶1包、芦荟30克、菊花3克、蜂蜜适量。

做法：将芦荟去皮取出白肉，与菊花一同放入锅中，倒入适量水，用小火慢煮，待水沸后倒入杯中，放入红茶包，调入蜂蜜即可。

功能：提高细胞活力，减缓肌肤老化。

祛斑除痘茶

材料：茶叶3克、白蔹6克、玫瑰花茶3朵、红枣5颗。

做法：将所有材料放入茶壶中，用沸水冲泡，盖上盖闷15分钟即可。

功能：祛斑，除痘，调节内分泌，延缓衰老。

健康瘦身茶

材料：绿茶3克、山楂15克、荷叶12克。

做法：将山楂、荷叶洗净，用水一同煎煮，滤去渣，取沸汤冲泡绿茶即可。

功能：可减肥瘦身，降脂降压。

对症茶疗

香附陈姜茶

红糖蜜茶

山楂冰糖茶

槐花蜜茶

消化系统疾病

❶ 香附陈姜茶

对症：胃脘冷痛、呕吐、清水痰涎、畏寒喜暖、舌苔白

配方：红茶3克，陈皮5克，制香附、生姜片各10克。

做法：将制香附和陈皮用500毫升水煮沸，然后取沸汤冲泡生姜片和红茶。

用量：每日1剂，分2次热饮。忌食生冷、避风寒。

❷ 红糖蜜茶

对症：胃、十二指肠溃疡病

配方：红茶5克，红糖、蜂蜜各适量。

做法：用沸水冲泡红茶，并盖上盖，泡5～10分钟，再调入红糖及蜂蜜。

用量：胃痛期间，每日1剂，分3次饭前趁热服。

❸ 山楂冰糖茶

对症：食滞内停之胃痛

配方：山楂30克、绿茶5克、冰糖适量。

做法：将山楂洗净切片，冰糖捣碎。砂锅内加水适量，放入山楂片，煎煮10～15分钟后，放入绿茶，再调入冰糖即可。

用量：代茶饮服，每日1～2剂。

❹ 槐花蜜茶

对症：老年性及习惯性便秘、大便干结、腹胀而痛、面红身热

配方：绿茶适量、槐花10克、蜂蜜少许。

做法：将槐花和绿茶用适量沸水冲泡，待温时加入蜂蜜搅匀即可。

用量：每日1剂，可多次服用。

呼吸系统疾病

❶ 红枣甘草茶

对症：祛邪宣肺，治疗气管炎

配方：绿茶1克，葱须25克，红枣5颗，甘草5克。

做法：将红枣和甘草加水400毫升煎沸后15分钟，加入葱须、绿茶，1分钟后即可。

用量：每日1剂。

❷ 川贝茶

对症：清热化痰止咳，治疗气管炎、咳嗽

配方：绿茶3克，川贝母3克，冰糖9克，生姜6克。

做法：将配方中的材料混合研成碎末，开水送服。

用量：每日早晚各1剂。

心脑血管疾病

❶ 枸杞桑菊茶

对症：高血压，高血脂，肝火赤目，头昏脑涨等

配方：茶叶2克，菊花5克，桑叶5克，枸杞子6克，决明子3克。

做法：决明子放入锅内炒香，干桑叶、干菊花、枸杞子、决明子一同放入茶杯，注入沸水冲泡15分钟即可饮用。

用量：每日1剂。

❷ 菊花青茶

对症：高血压，心悸缺血

配方：菊花10克，青茶3克。

做法：沸水冲泡饮之。

用量：每日1剂。

妇产科疾病

❶ 玫瑰蜜茶

对症：月经失调，经前腹痛

配方：绿茶1克，玫瑰花5克，蜂蜜25克。

做法：将绿茶、玫瑰花水煎服用，以蜂蜜调味即可。

用量：每日1剂。

❷ 麦芽糖茶

对症：乳房胀痛

配方：红茶15克，生大麦芽120克，冰糖60克。

做法：以上材料以水煎服用。

用量：每日1剂。

❸ 益母甘草糖茶

对症：痛经，盆腔炎，产后出血或恶露不净

配方：绿茶2克，益母草20克，红糖25克，甘草3克。

做法：以上材料以水煮后温饮。

用量：每日早晚各1剂。

慢性病

❶ 茉莉菖蒲茶

对症：失眠，多梦

配方：茉莉花6克，绿茶10克，石菖蒲6克。

做法：将以上材料混合研成粗末，用沸水冲泡5分钟即成。

用量：每日1剂。

❷ 槐花茶

对症：预防脑溢血

配方：茶叶3克，槐花6克。

做法：将以上材料沸水冲泡后饮之。

用量：每日早晚各1剂。

❸ 杜仲香茶

对症：关节痛，腰腿痛

配方：花茶3克，杜仲5克，木香2克，茴香1克。

做法：将以上材料用250毫升开水冲泡后饮用，冲饮至味淡。

用量：每日1剂。

茶疗技巧有讲究

❶ 茶药和其他药物一样，不是万能的。在预防疾病，治疗小病、慢性病等方面有它的优势，但在治疗急症、重症时，茶药只能作为辅助治疗，切记不能贻误治疗的时机。

❷ 茶药不宜与西药同时服用，因为中草药与西药成分可能会发生不良的化学反应。

❸ 茶药最好趁热服用，现制现服，隔夜的茶药一般不宜再用，隔日服用更是大忌。